第2版

人気講師が教える 基礎からサーバサイド開発まで

いちばんやさしい

Python（パイソン）の教本

インプレス

著者プロフィール

鈴木 たかのり（すずき たかのり）

株式会社ビープラウド 取締役／Python Climber

部内のサイトを作るためにZope/Ploneと出会い、その後必要にかられてPythonを使いはじめる。2012年3月よりビープラウド所属、2018年1月より現職。

他に一般社団法人 PyCon JP Association副代表理事、Pythonボルダリング部（#kabepy）部長、Python mini Hack-a-thon（#pyhack）主催、Python Boot Camp（#pycamp）講師、PyCon JP 2014-2016座長などの活動をしている。

主な著作に『いちばんやさしいPython機械学習の教本（2019 インプレス刊）』『Pythonによるあたらしいデータ分析の教科書（2018 翔泳社刊）』『Pythonプロフェッショナルプログラミング 第3版（2018 秀和システム刊）』『Pythonエンジニア ファーストブック（2017 技術評論社刊）』などがある。

最近の楽しみはPython Boot Campの講師で訪れた土地で、現地のクラフトビールを飲むこと。2019年は世界各国のPyConでの発表に挑戦し、日本を含む9カ国で発表した。趣味は吹奏楽とボルダリングとレゴとペンシルパズル。

株式会社ビープラウド

ビープラウドは、2008年よりPythonを主言語として採用、Pythonを中核にインターネットプラットフォームを活用したシステムの自社開発・受託開発を行う。優秀なPythonエンジニアがより力を発揮できる環境作りに努め、Python特化のオンライン学習サービス「PyQ™（パイキュー）」などを通してそのノウハウを発信。IT勉強会支援プラットフォーム「connpass（コンパス）」の開発・運営や勉強会「BPStudy」の主催など、技術コミュニティ活動にも積極的に取り組む。

◎ URL：https://www.beproud.jp/

読者の皆さんはPyQ™（パイキュー）の一部の機能を無料でお試しすることができます。本書で作成したサンプルプログラムに機能追加を行う問題を準備しました。

◎ **体験方法**

https://pyq.jp/ にアクセスして「学習を始める」ボタンをクリックし、画面の案内にしたがってキャンペーンコード「yasashiipython2」を入力してください。

※無料体験中に料金は発生しませんが、アカウント作成にクレジットカードの登録が必要です。

はじめに

数 あるPythonの入門者向け書籍の中から「いちばんやさしいPythonの教本 第2版」を手に取っていただき、ありがとうございます。

私が所属するビープラウドはPythonでの開発を中心とした会社です。長年の開発ノウハウをベースにPython研修や、PyQ（https://pyq.jp/）という学習サービスも提供しています。本書は、プログラミングの未経験者向けのPython研修で、受講者に副読本として読んでもらうことを想定して書きました。

ビープラウドがPython研修を開催していく中で、受講者が共通でつまずくポイントがあることがわかってきました。本書ではそういったつまずきを防ぐために、説明する順番や内容に配慮して構成を練りました。実際に手を動かしてプログラムを書きながら、各要素の使い方について学べるようにしています（PyQも同様のスタイルです）。

本書の前半では簡単なサンプルプログラムを作成しながら、Pythonの基礎的な文法を解説しています。後半では「pybot」という対話型のチャットボットの作成を通じて、より高度なプログラムを作成するための要素（関数、ライブラリ、外部パッケージ）について解説しています。「pybot」はさまざまな拡張が可能となっているので、ぜひ、あなただけのチャットボットを作成してみてください。

Pythonは利用範囲が広いので、本書で基礎を身に着けたあとも学ぶことはいろいろあります。最後のChapter 10では、次のステップとしてPython学習に関する情報を紹介しているので、その情報を参考に新しい領域にチャレンジしてみてください。

本書は2017年8月に発売された「いちばんやさしいPythonの教本」の改訂版です。対象とするPythonのバージョンも3.6.2から3.8.3とアップデートされました。Pythonは後方互換性がしっかりしているため、本書内では大きな変更はありません。第2版での改訂ポイントは、フォーマット済み文字列リテラル（f-string）の採用と、Python3.6以降の新機能の紹介です。それから、サンプルコードが令和に対応しました（笑）。

最後に、本書をレビューしてくれた、ビープラウドの中神肇（@nakagami）、Yukie、大村亀子（@okusama27）、大崎有依（@yui_pbyy）、田中文枝（@32imuf）、斎藤努（@SaitoTsutomu）、降籏洋行（@furico_1231）、吉田花春（@kashew_nuts）により、さまざまな指摘、アドバイスをもらいました。この場を借りてお礼を申し上げます。

2020年6月 株式会社ビープラウド 鈴木たかのり

「いちばんやさしい Pythonの教本 第2版」 の読み方

「いちばんやさしいPythonの教本 第2版」は、はじめての人でも迷わないように、わかりやすい説明と大きな画面でPythonを使ったプログラムの書き方を解説しています。

「何のためにやるのか」 がわかる！

薄く色の付いたページでは、プログラムを書く際に必要な考え方を解説しています。実際のプログラミングに入る前に、意味をしっかり理解してから取り組めます。

タイトル
レッスンの目的をわかりやすくまとめています。

レッスンのポイント
このレッスンを読むとどうなるのか、何に役立つのかを解説しています。

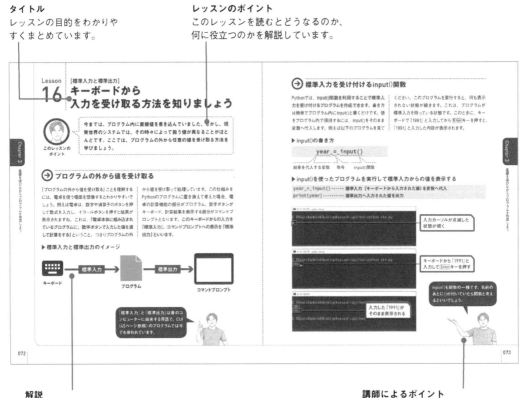

解説
Pythonを学ぶ際の大事な考え方を、画面や図解をまじえて丁寧に解説しています。

講師によるポイント
特に重要なポイントでは、講師が登場して確認・念押しします。

「どうやってやるのか」
がわかる！

プログラミングの実践パートでは、1つ1つのステップを丁寧に解説しています。途中で迷いそうなところは、Pointで補足説明があるのでつまずきません。

手順
番号順に入力をしていきます。入力時のポイントは赤い線で示しています。また、一部のみ入力するときは赤字で示します。

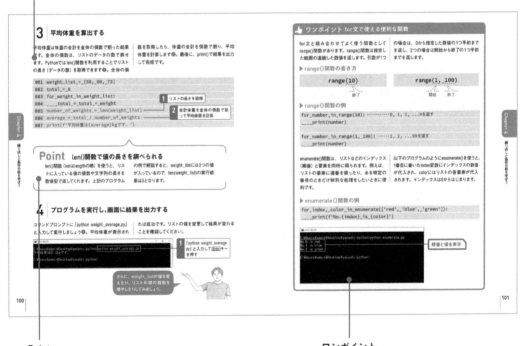

Point
その入力作業を行う際の注意点や補足説明です。

ワンポイント
レッスンに関連する知識や知っておくと役立つ知識を、コラムで解説しています。

いちばん やさしい
Python の教本 第2版

人気講師が教える 基礎からサーバサイド開発まで

Contents
目次

Chapter **1** **Pythonを学ぶ準備をしよう** page **013**

Chapter **4** 繰り返しと条件分岐を学ぼう page **095**

Chapter **7** ライブラリを使いこなそう page **165**

Chapter 8 サードパーティ製パッケージを使いこなそう
page 203

Chapter 9 Webアプリケーションを作成しよう
page 231

Chapter

1

Pythonを学ぶ
準備をしよう

Pythonを使ってプログラミングをする前に、Pythonの特徴やバージョンによる違いを知り、Pythonとエディターをインストールしましょう。

Lesson 01 ［プログラムとプログラミング言語］
プログラミングとは何かを知りましょう

**このレッスンの
ポイント**

Python（パイソン）はプログラムを書くためのプログラミング言語の一種です。Python自体の話をする前に、そもそもプログラミングとはどういったものなのか、なぜプログラミング言語でプログラムを書く必要があるのかについて学びましょう。

→ プログラミングって何？

コンピューター（PC）上で何らかの動作を実行するための命令の集まりが、プログラムです。プログラムを作る作業をプログラミングといいます。例えば、PCで「ウィンドウを開く」や「音楽ファイルを再生する」といった操作をした場合も、裏でプログラムが実行されています。このようなさまざまなプログラムを記述するための言語をプログラミング言語といいます。そして、本書で解説するPythonも、たくさんあるプログラミング言語の中の1つです。

▶ PC上で何かをするときは必ず裏でプログラムが実行されている

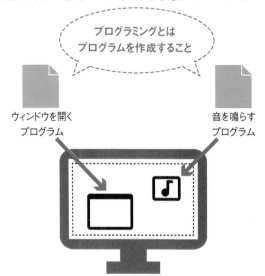

プログラミングとは
プログラムを作成すること

ウィンドウを開く
プログラム

音を鳴らす
プログラム

本書でPythonによるプログラミングを学習して、PC上で動作するプログラムを作成できるようになりましょう。

→ プログラミング言語が必要な理由

コンピューターの世界では、文字や動画、画像など、あらゆるものをすべて0と1に変換して解釈します。本来ならプログラムも0と1の組み合わせで書かなければいけません。これを機械語といいます。しかし、0と1の組み合わせを使ってPCに命令するというのは、人間にとっては大変なことです。そこで、人間にもPCにも解釈可能な言語として、プログラミング言語が存在しています。プログラミング言語は、コンピューターと人間のコミュニケーションにおける橋渡し役なのです。

▶ プログラミング言語はコミュニケーションの橋渡し役

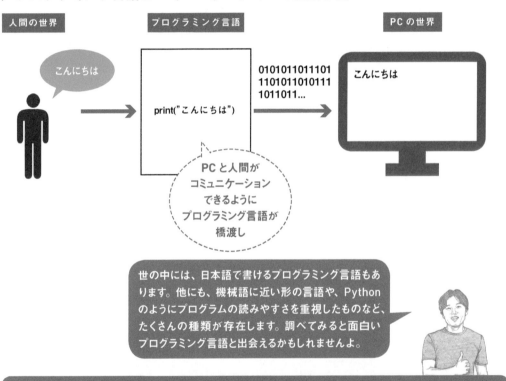

世の中には、日本語で書けるプログラミング言語もあります。他にも、機械語に近い形の言語や、Pythonのようにプログラムの読みやすさを重視したものなど、たくさんの種類が存在します。調べてみると面白いプログラミング言語と出会えるかもしれませんよ。

👍 ワンポイント どうしてプログラミング言語はいくつもあるの？

プログラミングをはじめようとしたときに、「どのプログラミング言語を学べばいいか」で迷うと思います。プログラミング言語はPython以外にもたくさんありますが、それぞれ得意な分野やユーザーの文化の違いなどがあります。

まずは1つのプログラミング言語（ここではPython）を習得しましょう。すると「プログラミングとは何か？」という普遍的なスキルが習得できるので、他のプログラミング言語を学ぶときにも応用が利きます。

Lesson 02 [OSとアプリケーション]
コンピューターの仕組みについて 知りましょう

このレッスンの
ポイント

このLessonでは、プログラムを動かしてプログラミングをする環境である「コンピューター（PC）」の仕組みについて学びましょう。PCに対する入力（マウス、キーボード操作）や出力（画面表示）はどのように行われているのか、理解しましょう。

→ コンピューターが動く仕組み

PCはどのように動いているのかについて知りましょう。PCで普段行っている作業としては、以下のようなものを思い浮かべると思います。これらの動作は、オペレーティングシステム（OS）と呼ばれるソフトウェアが入出力に対するアクションを解釈し、アプリケーションと呼ばれるものを裏で実行して実現しているのです。

▶ PCで行う作業例
- WebブラウザーでWebサイトを表示して、リンクをクリックして別のサイトを見る
- ワープロ、表計算ソフトでドキュメントを作成する
- フォルダーに保存してある画像ファイルを開いて、編集する

▶ OSはPCへの入出力を解釈する

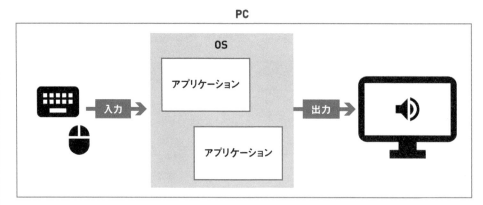

OSの役割

OSとは、簡単にいうと入出力を正しい動作に導くための司令塔となるプログラムです。種類もいろいろあり、PCではWindowsやmacOS、スマートフォンではAndroidやiOSが代表的なOSです。人間が入力する命令をOSが適切に解釈することにより、キーボードから入力した文字がディスプレイへ表示されたり、ファイルからのデータの入出力などを正しく実行できるのです。

▶ OSの役割例
- OSは入出力を正しい動作に導くための司令塔
- キーボード、マウスなどの入力を適切に解釈し、ディスプレイに結果を表示してくれる

アプリケーションとは

アプリケーションは、OSから入力情報を受け取って何かの仕事をし、結果をOSに返します。つまりユーザーがやりたいことを処理するプログラムです。
代表的なアプリケーションには、Microsoft WordやWebブラウザー（Microsoft EdgeやChromeなど）、スマートフォンのゲームなどがあります。例えばMicrosoft Wordは入力された文字列を画面に表示し、マウスで選択した文字列に見出しなどのスタイルを付け、内容をファイルに保存するという仕事しています。これらアプリケーションは、何らかのプログラミング言語で書かれています。プログラムは意外と身近なところにあるのです。

▶ アプリケーションの役割例
- アプリケーションはOSと入出力のやりとりをする
- アプリケーションは必ずプログラミング言語で作られている

▶ コンピューター概要図

OS、アプリケーション、プログラミング言語の関係はわかりましたか？最初は難しく感じるかもしれませんが、大丈夫ですよ。

Lesson 03 ［Pythonの特徴と用途］
Pythonの特徴とできることを知りましょう

**このレッスンの
ポイント**

このLessonではプログラミング言語Pythonで何ができるのかを説明します。そのためにPythonの特徴と、Pythonで作られたサービスなどの事例を紹介します。実はさまざまなところ、身近なところでPythonが使われているのです。

→ Pythonはどんな言語なのか

Pythonは、読みやすく書きやすいプログラミング言語として設計されています。海外では、プログラミングをはじめて学ぶときにはPythonが推薦されるほど人気です。しかし、シンプルだからできることが限られているというわけではありません。例えば、Webサービス、PC上で動作するデスクトップのアプリケーション、科学技術計算、機械学習などさまざまな用途でPythonが使用されています。また、ライブラリ（プログラムを書くときに使用する便利な機能を集めたもの）が豊富で、効率的にプログラムが作成できます。

▶ Pythonの特徴
- シンプルで読み書きしやすい文法
- 多種多様な開発用途に使用が可能
- 便利なライブラリが豊富

▶ Python公式サイト

https://www.python.org

Pythonで作られたサービス・製品

Pythonで作られたサービス、アプリケーションをいくつか紹介しましょう。connpassはイベント開催、登録のためのWebサービスです。DropboxはPCとネットワーク上のファイルを共有するオンラインストレージサービスで、PC上のアプリケーションがPythonで作成されています。Netflixは動画配信サービスです。サーバー側でのデータ分析にPythonが利用されています。

▶ サービス例

connpass（イベント登録）

Dropbox（オンラインストレージ）

Netflix（動画配信サービス）

Webサービスからクライアントアプリ、データ分析まで、Pythonの用途がとても幅広いことがわかりますね。

Lesson 04 [Pythonの最新情報]

Pythonの最新機能を知りましょう

**このレッスンの
ポイント**

Pythonは登場してから長い年月が経過していますが、現在も開発が継続しています。Pythonが現在どのようなサイクルでリリースされているかについて紹介します。また詳細は解説しませんが、主な新機能について紹介します。

→ Pythonのリリースサイクル

Pythonは1991年に最初のバージョン0.9.0が公開されてから30年弱が経過していますが、現在も継続的に開発されています。現在はPython 3系と呼ばれるバージョンが開発されており、本書の執筆時点（2020年6月）の最新版はバージョン3.8.3です。

マイナーバージョン（3.8.3の8の部分）ごとに新機能や改良が加えられており、バージョン3.9以降は1年ごとに新しいマイナーバージョンがリリースされる予定です。

▶ Pythonのバージョン推移

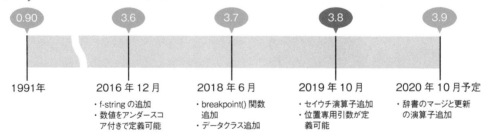

0.90	3.6	3.7	3.8	3.9
1991年	2016年12月	2018年6月	2019年10月	2020年10月予定
	・f-string の追加 ・数値をアンダースコア付きで定義可能	・breakpoint() 関数追加 ・データクラス追加	・セイウチ演算子追加 ・位置専用引数が定義可能	・辞書のマージと更新の演算子追加

Pythonは長い歴史がありながら、現在も継続的に開発が続けられています。便利な新機能を積極的に使っていきましょう。

Python 3.6以降の主な新機能

バージョン	説明／例

3.6	Python 3.6では、フォーマット済み文字列リテラル（f-string）が追加されました。f-stringについては Lesson 23 で解説しています。
	また、大きい数値をアンダースコア付きで定義できるようになりました。
	
	``python
	n1 = 1_000_000_000 ……… 1000000000が代入される
	print(n1)
	``

3.7	Python 3.7では、デバッグのためのbreakpoint()関数が追加されました。
	また、データを保存するためのクラスを書きやすくする、データクラスが追加されました。
	
	``python
	from dataclasses import dataclass
	@dataclass ………@dataclassデコレータでデータクラスを宣言
	class Point:
	    x: float
	    y: float = 0.0
	p1 = Point(1.1, 2.5) …… Point(x=1.1, y=2.5)が生成される
	p2 = Point(1.5)…… Point(x=1.5, y=0.0)が生成される
	``

3.8	Python 3.8では、新しい構文の代入式（:=）が追加されました。この演算子はセイウチの目と牙に似ているので「セイウチ演算子」とも呼ばれています。
	また、引数に位置専用引数（キーワード引数で指定できない引数）が定義できるようになりました。
	
	``python
	a = [1, 2, 3, 4, 5, 6]
	if (n := len(a)) > 5: …… 代入式でリストの長さを取得
	    print(f'リストが{n}件で長すぎます') …… len()関数が2回呼ばれない
	
	def func(a, b, /, c): …… 引数a, bは位置専用引数
	    pass
	func(a=1, b=2, c=3) …… エラーが発生する
	``

3.9	2020年10月リリース予定のPython 3.9では、辞書のマージ（|）と更新（|=）のための演算子が追加されます。
	
	``python
	d1 = {'spam': 1}
	d2 = {'eggs': 2}
	d1 | d2……… {'spam': 1, 'eggs': 2}を返す
	d2 |= d1 …… d2が {'eggs': 2, 'spam': 1} になる
	``

※最新のリリース情報は、以下のWebサイトから確認できます。
https://docs.python.org/ja/3/whatsnew/

Lesson
05
[エディターの準備]

Pythonを書くための
エディターを用意しましょう

**このレッスンの
ポイント**

Pythonのプログラムを書くためにテキストエディターを用意しましょう。PCに高機能なテキストエディターをインストールすれば、Pythonのプログラムを効率的に書くことができます。本書ではAtomというエディターを利用します。

→ テキストエディターでプログラムを効率的に書く

Pythonに限らずプログラムを書くには、テキストエディターは必須のツールです。プログラムを書くことに特化したテキストエディターを使うことで、作業の効率が上がります。例えば、プログラム上の間違いをエディターが指摘してくれたり、途中まで入力すると入力候補を表示してくれたりします。

テキストエディターにはいろいろな種類があり、基本的にはどれを使ってもいいのですが、本書ではGitHubが公開している無料のAtomというエディターを使って解説します。次ページから、手順にしたがってAtomをインストールしましょう。

▶ Atomの画面構成

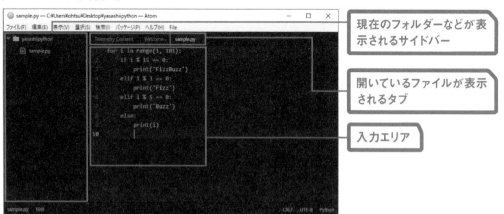

現在のフォルダーなどが表示されるサイドバー

開いているファイルが表示されるタブ

入力エリア

● Atomをインストールする（Windows編）

1 ファイルを
ダウンロードする

1 Atomのページ（https://atom.io/）
を表示

2 ［Download］をクリック

2 インストールを
開始する

1 ［実行］をクリック

3 インストールが
終わるのを待つ

自動的にインストールが開始される

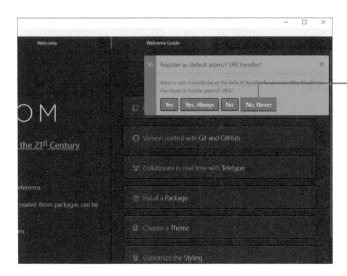

4 Atomが自動的に 起動する

1 [No, Never] をクリック

インストールが完了すると自動的にAtomが
起動する

5 デスクトップに アイコンが作成される

Atomを起動したいときは、デスクトップの
アイコンかスタートメニューを利用する

● Atomをインストールする（macOS編）

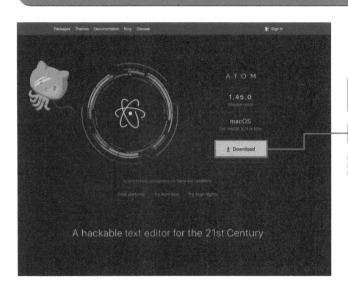

1 ファイルを ダウンロードする

1 Atomのページ（https://atom.io/）
を表示

2 [Download] をクリック

atom-mac.zipがダウンロードされる

2 ダウンロードした ファイルを展開する

1 Dockの［ダウンロード］をクリック

2 ダウンロードしたファイル（atom-mac.zip）をクリックして圧縮ファイルを展開

3 ［アプリケーション］ フォルダーへドラッグする

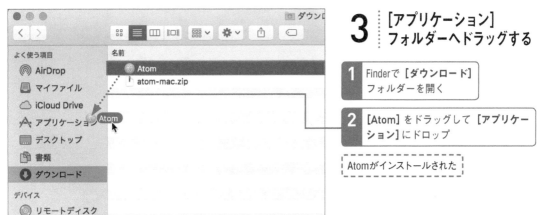

1 Finderで［ダウンロード］フォルダーを開く

2 ［Atom］をドラッグして［アプリケーション］にドロップ

Atomがインストールされた

4 Dockに登録する

1 ［アプリケーション］フォルダーに移動した［Atom］をDockにドラッグ＆ドロップして登録

Atomを起動したいときは、Dockのアイコンをクリックする

○ Atomを日本語化する

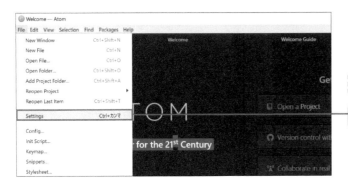

1 設定画面を表示する

Atomを起動しておく

1 [File] - [Settings] をクリック

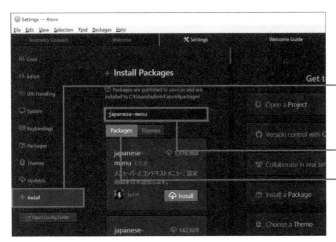

2 パッケージを
検索する

1 [Install] をクリック

[Install Packages] 画面が表示される

2 「japanese-menu」と入力

3 [Packages] をクリック

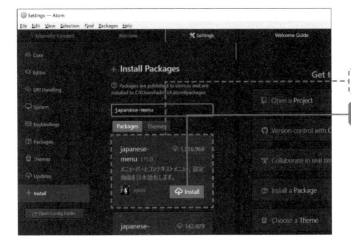

3 パッケージを
インストールする

[japanese-menu] が表示された

1 [Install] をクリック

4 メニューが日本語化される

パッケージのインストールが完了し、画面の各部が日本語化された

👍 ワンポイント Atomのおすすめパッケージ

Atomの機能を強化するプログラムのことを「パッケージ」といいます。AtomでPythonのプログラムを作成するときにおすすめのパッケージを紹介します。

- **autocomplete-python: プログラムの内容を自動的に補完する**
- **linter-python: プログラムの間違いを指摘する**
- **minimap: プログラム全体のプレビューを表示する**

▶ minimapの利用例

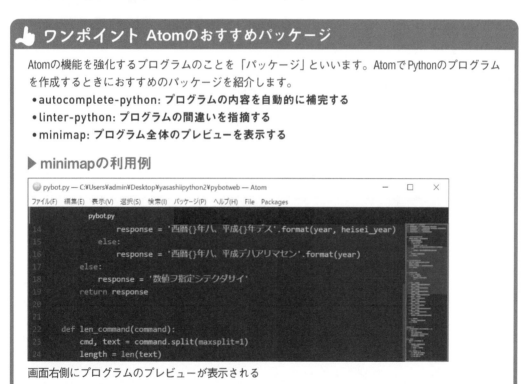

画面右側にプログラムのプレビューが表示される

06 [Pythonの準備]

Pythonをインストールしましょう

このレッスンの
ポイント

エディターの準備ができたので、続いてPythonを自分のPCにインストールします。Pythonのインストール方法はいくつかありますが、ここではPythonの公式サイトが配布しているインストーラーを使用してインストールします。

● Pythonをインストールする（Windows編）

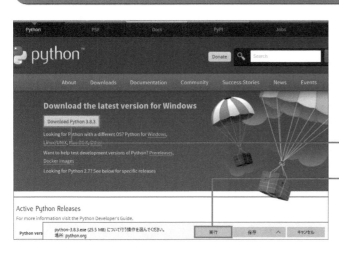

1 ファイルを
ダウンロードする

1 Pythonのダウンロードページ（https://www.python.org/downloads/）を表示

2 [Download Python 3.8.3]（本書執筆時点）をクリック※

3 [実行]をクリック

※64bit版のPythonをダウンロードしたい場合はページをスクロールし、[Looking for a specific release?] のPython 3.8.3のリンクをクリックし、遷移先のページの「Files」で [Windows x86-64 executable installer] のリンクをクリックしてダウンロードしてください。

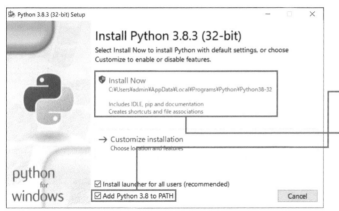

2 インストールを開始する

1 [Add Python 3.8 to PATH] にチェックマークを付ける（33ページのワンポイントを参照）

2 [Install Now] をクリック

3 インストールが完了した

「このアプリがデバイスに変更を加えることを許可しますか?」と表示された場合は [はい] をクリックする

1 インストールの完了後、[Close] をクリック

Pythonがインストールされた

○ Pythonをインストールする（macOS編）

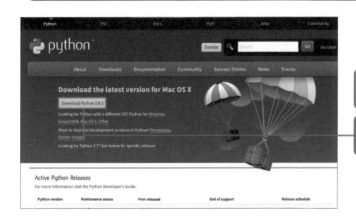

1 ファイルをダウンロードする

1 Pythonのダウンロードページ（https://www.python.org/downloads/）を表示

2 [Download Python 3.8.3]（本書執筆時点）をクリック

2 インストーラーを
起動する

1 Dockの［ダウンロード］をクリック

2 ダウンロードしたファイル（python-
3.8.3-macosx10.9.pkg）をクリック

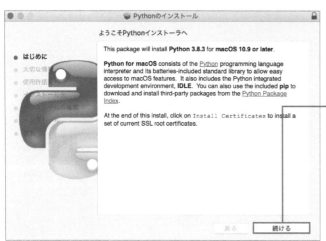

3 インストールを
開始する

Pythonのインストーラーが起動する

1 ［続ける］をクリック

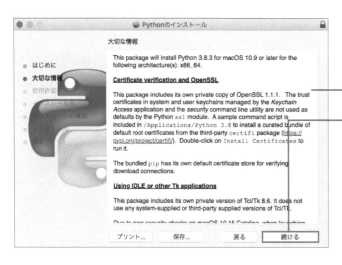

4 インストール情報を
確認する

1 大切な情報の内容を確認

2 ［続ける］をクリック

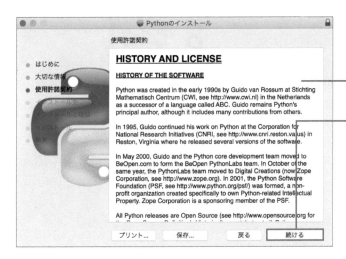

5 使用許諾契約の内容を確認する

1 Pythonの使用許諾契約の内容を確認

2 [続ける]をクリック

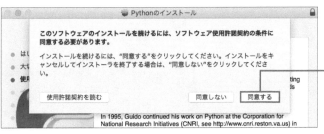

6 使用許諾契約の条件に同意する

1 [同意する]をクリック

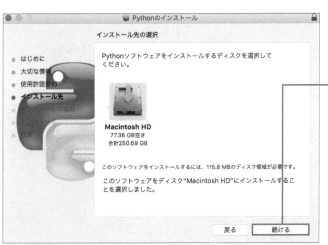

7 インストール先を選択する

1 Pythonをインストールするハードディスクを選択し、[続ける]をクリック

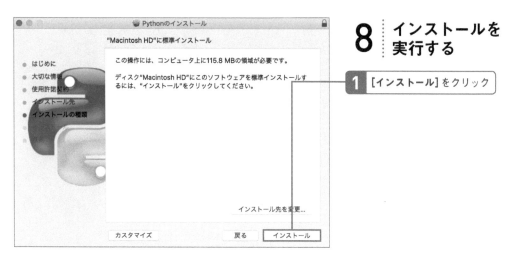

8 インストールを実行する

1 [インストール]をクリック

9 インストールを許可する

1 Touch IDまたはmacOSのユーザー名とパスワードを入力してソフトウェアをインストール

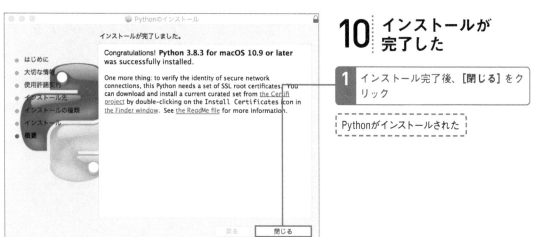

10 インストールが完了した

1 インストール完了後、[閉じる]をクリック

Pythonがインストールされた

11 インストーラーを削除する

1 [ゴミ箱に入れる]をクリック

Pythonのインストーラーが
ゴミ箱に移動した

Pythonをインストールし
てプログラミングを開始す
る準備が整いました。

👍 ワンポイント WindowsへインストールするときのAdd Python 3.8 to PATHって？

Windowsでインストールする際に [Add Python 3.8 to PATH]にチェックマークを付けてインストールしました。これでコマンドプロンプト（Lesson 7参照）上で「python」と入力した際にPythonが起動できるようになります。チェックマークを付けずにインストールした場合、別途PATHの設定が必要になります。PATHはコマンドプロンプトから呼び出せるコマンドの場所を指定するための設定で、PATHに追加することでPythonがコマンドプロンプトから呼び出せます。この設定を自動的にやってくれるのが、[Add Python 3.8 to PATH]です。特に理由がなければチェックマークを付けてインストールしましょう。macOS版の場合は自動でPATHに追加されるので問題ありません。

チェックマークを
付けてインストール

Lesson 07 ［Pythonの対話モード］ Pythonを対話モードで実行してみましょう

このレッスンの
ポイント

簡単なPythonのプログラムを実行してみましょう。Pythonを実行するにはWindowsではコマンドプロンプト、macOSではターミナルというアプリケーションから実行する必要があります。ここではPythonの2つの実行方法のうち、「対話モード」の使い方を説明します。

→ Pythonはどうやって実行するのか

Pythonのプログラムを実行するための環境は準備できました。では、どのようにプログラムを実行するのでしょうか？　Pythonは、WindowsやmacOS、LinuxなどさまざまなOS上で同じように動作させることができるように作られています。

Pythonのプログラムの実行には、Windowsならコマンドプロンプト、macOSならターミナルと呼ばれるアプリケーションを使用します。

コマンドプロンプトを使ったPythonの実行方法に

は、「対話モードを使う方法」と「ファイルを読み込んで実行する方法」の2通りがあります。対話モードはプログラムを一行ずつ実行するもので、動作確認などに使用します。本格的にプログラムを作るときはファイルに書いたプログラムを読み込んで実行します。このLessonでは対話モードの使い方を学習し、次のLessonでファイルを読み込んで実行する方法を学習しましょう。

▶ Pythonのプログラムの実行方法は2通りある

対話モード	ファイルの読み込み
コマンドプロンプト	コマンドプロンプト

```
> python
>>>1+2
3
```

```
> python ファイル名
3
```

Pythonのプログラムが
書かれたファイル

PY

対話モードで1行
ずつプログラムを
書いて実行

プログラムが
書かれたファイルを
読み込ませて実行

コマンドプロンプトとターミナル

コマンドプロンプトとは、コマンドと呼ばれる命令をOSに伝えるためのアプリケーションです。

コマンドプロンプト上では、マウスやトラックパッドを用いて操作するのではなく、キーボードでコマンドを入力することによって操作します。Pythonの場合は、通常のアプリケーションのように、デスクトップのアプリケーションはありません。その代わりに、コマンドプロンプト上でPythonのプログラムを実行します。なお、本書では以降は呼び方を「コマンドプロンプト」で統一します。

▶ Windowsのコマンドプロンプト

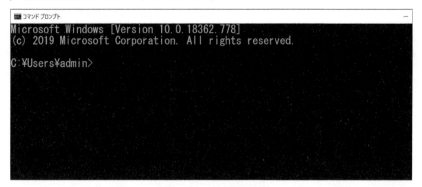

```
Microsoft Windows [Version 10.0.18362.778]
(c) 2019 Microsoft Corporation. All rights reserved.

C:¥Users¥admin>
```

▶ macOSのターミナル

```
🏠 seven — -zsh — 80×12
$
```

細かい違いはありますが、「コマンドを入力すると結果が表示される」という基本的な使い方は変わりません。Pythonの対話モードを開始したあとはまったく同じになります。

対話モードとは

対話モードとは、プログラムを逐次実行できるモードのことです。例えば、Pythonで書かれたプログラムの動きを試してみたい場合などによく使用されます。Pythonの対話モードを実行するには、コマンドライン上で「python」と入力します。すると、現在使用しているPythonのバージョンが表示され、そのあとに「>>>」と表示されます。この状態でPythonのプログラムを入力すると、次の行に実行結果が表示されます。対話モードを終了したい場合は、「quit()」と入力します。

▶ 対話モードの開始と終了

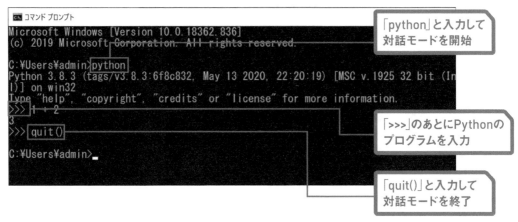

「python」と入力して
対話モードを開始

「>>>」のあとにPythonの
プログラムを入力

「quit()」と入力して
対話モードを終了

Pythonの動作確認に対話モードは非常に便利です。本書に出てくるプログラムで「この部分はどう動いているのかな?」と疑問に思ったときは、対話モードを起動して確認しましょう。

● Pythonを対話モードで実行する（Windows編）

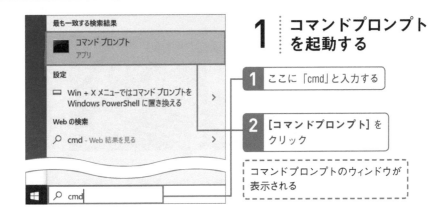

1 コマンドプロンプトを起動する

1 ここに「cmd」と入力する

2 [コマンドプロンプト] をクリック

コマンドプロンプトのウィンドウが表示される

2 対話モードを起動する

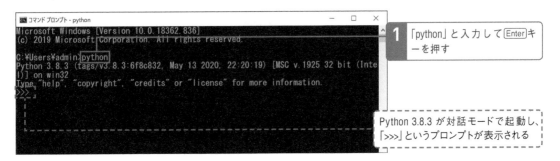

1 「python」と入力して[Enter]キーを押す

Python 3.8.3 が対話モードで起動し、「>>>」というプロンプトが表示される

3 簡単なPythonプログラムを実行してみる

1 対話モードの状態で「1 + 2」と入力して[Enter]キーを押す

計算結果の「3」が表示される

4 対話モードを終了する

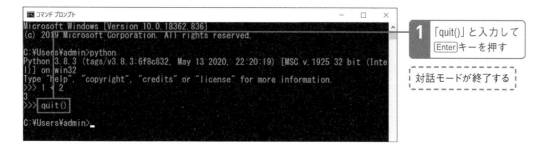

1 「quit()」と入力して Enter キーを押す

対話モードが終了する

● Pythonを対話モードで実行する（macOS編）

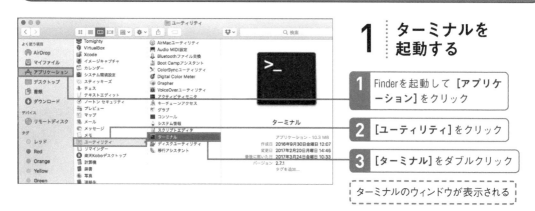

1 ターミナルを起動する

1 Finderを起動して [アプリケーション] をクリック

2 [ユーティリティ] をクリック

3 [ターミナル] をダブルクリック

ターミナルのウィンドウが表示される

2 対話モードを起動する

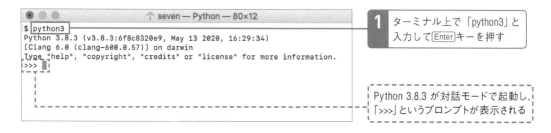

1 ターミナル上で「python3」と入力して Enter キーを押す

Python 3.8.3 が対話モードで起動し、「>>>」というプロンプトが表示される

Point macOSではpython3と指定する

macOSには旧バージョンであるPython 2系がインストールされているため、ターミナルで「python」と入力するとPython 2系が実行されてしまいます。必ず「python3」と入力しましょう。

3 簡単なPythonプログラムを実行する

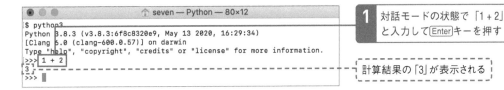

1 対話モードの状態で「1 + 2」と入力して[Enter]キーを押す

計算結果の「3」が表示される

4 対話モードを終了する

```
$ python3
Python 3.8.3 (v3.8.3:6f8c8320e9, May 13 2020, 16:29:34)
[Clang 6.0 (clang-600.0.57)] on darwin
Type "help", "copyright", "credits" or "license" for more information.
>>> 1 + 2
3
>>> quit()
$
```

1 「quit()」と入力して[Enter]キーを押す

対話モードが終了する

Pythonで書かれたプログラムを実行できました。次のLessonでは、もっと実用的な方法でプログラムを記述する方法を解説します。

👍 ワンポイント コマンドプロンプトをすばやく起動するには

毎回コマンドプロンプトやターミナルを起動するのを面倒だと感じたら、タスクバーやDockに登録しておきましょう。Windowsのタスクバーに登録するには、コマンドプロンプトの起動後にタスクバーに表示されるアイコンを右クリックして、[タスクバーにピン留めする]を選択します。macOSのDockに登録するには、ターミナルの起動後にDockに表示されるアイコンを右クリックして、[オプション]→[Dockに追加]を選択します。

Lesson

08

[Pythonのプログラムを実行するための準備]

ファイルに書いたPythonの
プログラムを実行しましょう

**このレッスンの
ポイント**

対話モードの次は、ファイルにPythonのプログラムを書いて実行する
方法を学びましょう。やること自体はそれほど難しくありませんが、プ
ログラムのファイルが置かれている場所（フォルダー）を意識しないと
うまく動きません。

→ ファイルにPythonプログラムを書く

前のLessonでは、対話モードでPythonのプログラムを実行しました。しかし、対話モードはあくまでPythonのプログラムを簡易的に実行してPythonの機能を確かめるためのものです。

本格的にPythonのプログラムを作るときは、ファイルにプログラムを記述します。そしてそのプログラムをPythonで実行して結果を取得します。

▶ ファイルに書いたPythonプログラムを実行する

sample.py

```
print(1+2)
```

実行 →

```
>python sample.py
```

結果 →

「3」が
出力される

Python のプログラムが
書かれたファイル

コマンドプロンプトで
ファイルを指定して実行

ファイルからの実行については次のChapter 2で詳しく説明します。

拡張子がファイルの種類を表す

ファイルには拡張子というものが付いています。拡張子はファイルの末尾に「.（ピリオド）」と3文字程度の英数字で表す記号のようなものです。OSは拡張子によってファイルの種類を判別しています。WindowsやmacOSの初期設定では拡張子は非表示になっていることがありますが、基本的にはすべてのファイルに付けられています。次ページで拡張子の表示方法を説明します。

Pythonのプログラムを記述するファイルには.pyという拡張子を付けましょう。

▶ Pythonの拡張子

sample .py

Python 専用の拡張子

▶ その他の拡張子

- sample.docx ⟶ **Microsoft Word の拡張子**
- sample.pdf ⟶ **PDF 専用の拡張子**
- sample.png ⟶ **画像ファイル用の拡張子**

Pythonプログラムを置く場所にも注意！

pythonコマンドでファイルを実行するためには、実行したいファイルの場所を間違わずに指定しなければいけません。

例えば以下の図のようなフォルダー構成の場合、「python sample.py」と入力してプログラムを実行するためには、コマンドプロンプト上で「cd C:¥Users¥admin¥Desktop¥yasashiipython」と実行し、sam

ple.pyのあるフォルダーへ移動しなければいけません。もし別のフォルダーで「python sample.py」を実行した場合はsample.pyが見つけられないため、「[Errno 2] No such file or directory（そのようなファイルやディレクトリ（＝フォルダー）はない）」というエラーが表示されます。

▶ プログラムのファイルの場所まで移動する

Users — admin — Desktop — yasashii python — sample.py

music

cd C:¥Users¥admin¥Desktop¥yasashiipython
で yasashiipython フォルダーへ移動

```
>python sample.py
```

sample.pyを
実行できるようになった！

拡張子を表示する（Windows編）

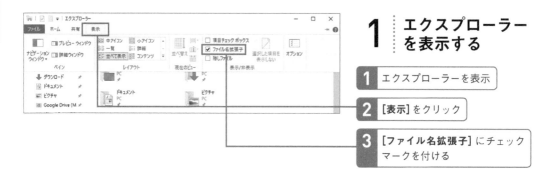

1 エクスプローラー
を表示する

1 エクスプローラーを表示

2 [表示]をクリック

3 [ファイル名拡張子]にチェック
マークを付ける

拡張子を表示する（macOS編）

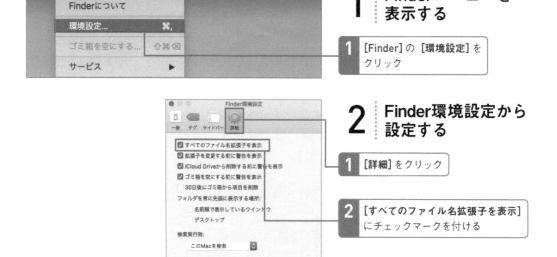

1 Finderメニューを
表示する

1 [Finder]の[環境設定]を
クリック

2 Finder環境設定から
設定する

1 [詳細]をクリック

2 [すべてのファイル名拡張子を表示]
にチェックマークを付ける

拡張子を表示するとPythonのプログラ
ムファイル（拡張子が.py）を見分けやすく
なります。次のChapterでは実際にファ
イルからプログラムを実行してみましょう。

Chapter

2

コマンド
プロンプトに
慣れよう

Chapter 3以降では、Windows
のコマンドプロンプトや、
macOSのターミナルを使って
Pythonのプログラムを実行しま
す。このChapterではこれらの
基本的な使い方を学びましょう。

Lesson 09 ［コマンドプロンプトとは］ コマンドプロンプトについておさらいしましょう

このレッスンの
ポイント

Chapter 1で紹介したコマンドプロンプトは、普段はマウスで行っているファイル操作を文字列のコマンドで実行するアプリケーションです。この先最後まで使用することになるので、このChapterでコマンドプロンプトの基本的な使い方を身に付けておきましょう。

→ コマンドを使ってPCに命令をする

普段私たちは、PC上でマウスを使って「ファイルを開く」や「AフォルダーからBフォルダーへファイルを移動する」といった操作をしています。これらの操作はマウスを使わなくても、PCを操作するための命令となる文字列（コマンド）を使用することでも実現できます。

これから本書では一緒にPythonのプログラムを作っていきますが、「Pythonでプログラムを実行する」という命令も、このコマンド（PCを操作するための命令）を用いて実行していきます。

▶ 画面操作とコマンド操作の違い

マウスのクリックでファイルを見たり開く

GUI

キーボード入力したコマンドでファイルを見たり開く

CUI

```
> mkdir yasashiipython
> cd yasashiipython
```

コマンドプロンプトでPCに命令を送る

コマンドをPCに伝えるには、コマンドプロンプト（macOSではターミナル）というアプリケーションを利用します。よく映画などで真っ黒な画面に文字が書かれた映像を見かけるかもしれません。あの真っ黒な画面がコマンドプロンプトです。

この画面に文字列（コマンド）を入力して、ファイルを作成したり、Pythonのプログラムを実行したりできます。

▶ コマンドプロンプトでコマンドを入力する例

```
cd Desktop
```
コマンド　　コマンドへの指示

```
mkdir yasashiipython
```
コマンド　　コマンドへの指示

最初は意味不明かもしれませんが、Pythonでのプログラミングには必要な知識です。どんどん使って、慣れていきましょう。

👍 ワンポイント　GUIとCUI

エクスプローラーやFinderのようにマウスで操作する方法をGUI（ジーユーアイ）、コマンドプロンプトやターミナルのようにコマンドで操作する方法をCUI（シーユーアイ）といいます。それぞれGraphical User Interface と Character User Interfaceの略です。昔のPCは非力で画面に画像を表示するのが難しかったため、CUIが主流でした。慣れてしまえばGUIよりも速く操作できるので、現在でもプログラムの開発者の多くはCUIを使用しています。

Lesson 10 ［cdコマンド］
コマンドプロンプトで操作する
フォルダーを移動しましょう

このレッスンの ポイント

マウスでのフォルダー操作の際はあまり意識しませんが、コマンドプロンプトで操作をするときはフォルダーの構造を正しく理解する必要があります。ここではフォルダー構造と、コマンドプロンプト上で「現在のフォルダー」を移動するためのcdコマンドについて解説します。

➔ フォルダーの構造とカレントフォルダー

フォルダーとは、PC上でのファイルやフォルダーを格納する部屋のようなものです。

フォルダーは木の枝のような階層構造になっています。階層構造の中で、上位に位置するフォルダーを「親フォルダー」、下位に位置するフォルダーを「子フォルダー」といい、現在操作対象のフォルダーをカレントフォルダーといいます。

Windowsでコマンドプロンプトを起動したときのカレントフォルダーは、デフォルトではユーザー名のフォルダー（C:¥Users¥ユーザー名）になります（macOSでは /Users/ユーザー名）。コマンドプロンプトでファイルを参照したり、操作したりするコマンドを入力するときは、カレントフォルダーがどこかを把握している必要があります。

▶ フォルダー概要図

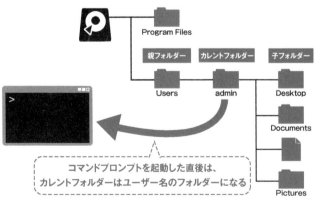

コマンドプロンプトを起動した直後は、カレントフォルダーはユーザー名のフォルダーになる

本書ではユーザー名はadminになっていますが、あなたのPCではあなたのユーザー名になっているはずです。

カレントフォルダーを移動するコマンド

Pythonのプログラムを実行するためには、プログラムのファイルが配置してあるフォルダーまで移動する必要があります。

フォルダーの階層を移動するにはcdコマンドを使用します。cdはChange Directory（ディレクトリを変更する）の略です。OSによってはフォルダーのことをディレクトリと呼ぶため、このような名前になっています。cdコマンドは、以下のように移動したいフォルダーを指定して使います。

▶ cdコマンド

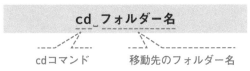

cd_フォルダー名

cdコマンド　　　　　移動先のフォルダー名

cdコマンドは、エクスプローラーで表示するフォルダーを切り替えることと同じです。フォルダーを別の場所に移動することではありません。

▶ cdコマンドの実行例

カレントフォルダーはC:¥Users¥admin

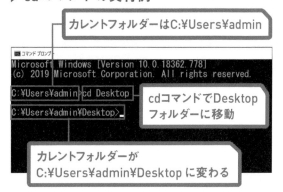

```
Microsoft Windows [Version 10.0.18362.778]
(c) 2019 Microsoft Corporation. All rights reserved.

C:¥Users¥admin>cd Desktop
C:¥Users¥admin¥Desktop>_
```

cdコマンドでDesktopフォルダーに移動

カレントフォルダーがC:¥Users¥admin¥Desktop に変わる

相対パスと絶対パス

パスとは、特定のフォルダーの位置を表す文字列のことです。パスには「相対パス」と「絶対パス」の2種類があります。相対パスは、カレントフォルダーから目的のフォルダーやファイルまでの位置を表現します。絶対パスは、一番上のフォルダーからの位置を表現します。

親フォルダーに移動したい場合には相対パスで「cd ..」と入力します。1つ上は「..¥（MacOSの場合は「../」）」と表し、たどる階層が増えるたびに「..¥..¥」というように増やしていきます。

▶ 相対パスでの移動

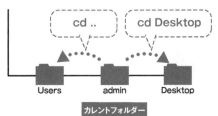

cd ..　　　cd Desktop

Users　　　admin　　　Desktop

カレントフォルダー

Lesson 11 [dir/ls/mkdirコマンド]
ファイルやフォルダーを操作する基本コマンドを覚えましょう

このレッスンのポイント

このLessonでは、ファイルやフォルダーに変更を加えるときによく使用するコマンドを覚えましょう。その後でAtomを使って簡単なサンプルプログラムを作成し、コマンドで実行します。説明を読みながら一緒にやってみてください。

→ dirコマンド（Windows）／ lsコマンド（macOS）

Windowsではフォルダー内に存在するファイルやフォルダーの一覧を確認するにはdirコマンドを使用します。dirコマンドはそのフォルダーに存在するファイルとフォルダーの一覧を表示します。常に表示される.と..は特殊なフォルダーで、それぞれカレントフォルダーと親フォルダーを表します。

以下の実行例では C:¥Users¥admin¥Desktop¥yasashiipython フォルダーには sample.py というファイルがあることがわかります。

なお、macOSではdirコマンドではなくlsコマンドを使用します。

▶ dirコマンド

dirコマンド

▶ lsコマンド

lsコマンド

▶ dirコマンドの実行例

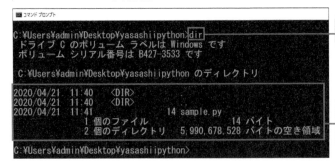

「dir」と入力して Enter キーを押す

「作成日時 名前」の形式で表示される

→ 新しくフォルダーを作る

mkdirコマンドはフォルダーを作成するときに使用するコマンドです。Windows、macOS共に「mkdir フォルダー名」と入力します。コマンドを実行しようとしているフォルダーにすでに同じ名前のフォルダーがあった場合、「サブディレクトリまたはファイルは既に存在します」といったメッセージが表示されます。下の例ではDesktopフォルダーの下に「yasashii python」というフォルダーを作成し、cdコマンドで作成したフォルダーに移動しています。

▶ mkdirコマンド

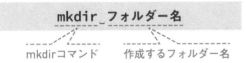

mkdir␣フォルダー名

mkdirコマンド　　　　作成するフォルダー名

▶ mkdirコマンドの実行例

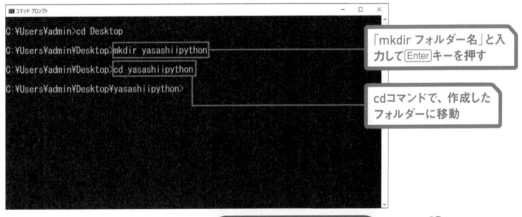

```
■ コマンド プロンプト                                          －  □  ×

C:¥Users¥admin>cd Desktop
C:¥Users¥admin¥Desktop>mkdir yasashiipython
C:¥Users¥admin¥Desktop>cd yasashiipython
C:¥Users¥admin¥Desktop¥yasashiipython>
```

「mkdir フォルダー名」と入力してEnterキーを押す

cdコマンドで、作成したフォルダーに移動

エクスプローラーやFinderでフォルダーを作ってもかまいません。CUIでもGUIでも結果は同じです。

👍 ワンポイント　履歴を使ってコマンドをすばやく入力する

コマンドプロンプトでは、入力したコマンドは一定数を履歴として保存しています。カーソルキーの⬆️を入力すると、過去に入力したコマンドが表示されるので、同じコマンドや似たコマンドを繰り返し実行するときに便利です。

● フォルダーを作成してそこに移動する（Windows編）

1 ┃ フォルダーを作成する

cdコマンドを入力してDesktopフォルダーに移動します。
次に、mkdirコマンドを入力して、yasashiipythonというフォルダーを作成します。すると、Windowsの

デスクトップ画面上に「yasashiipython」フォルダーが作成されます。最後にcdコマンドで、作成したフォルダーに移動します。

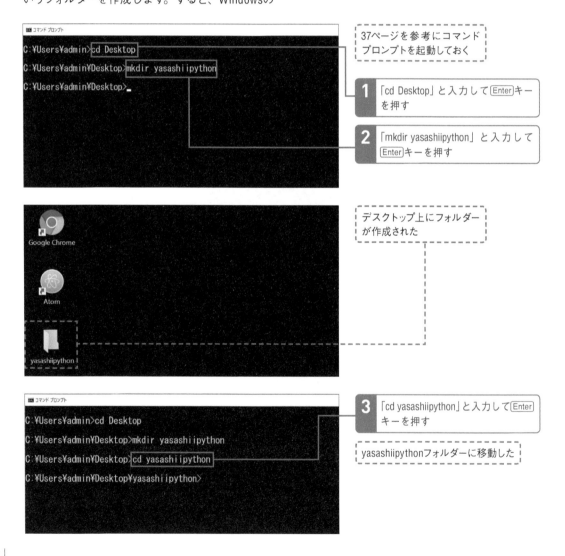

37ページを参考にコマンドプロンプトを起動しておく

1 「cd Desktop」と入力して Enter キーを押す

2 「mkdir yasashiipython」と入力して Enter キーを押す

デスクトップ上にフォルダーが作成された

3 「cd yasashiipython」と入力して Enter キーを押す

yasashiipythonフォルダーに移動した

● フォルダーを作成してそこに移動する（macOS編）

1 ┊ フォルダーを作成する

cdコマンドを入力して Desktopフォルダーに移動します。　次に、mkdirコマンドを入力して、「yasashiipython」というフォルダーを作成します。すると、macOSのデスクトップ画面上に「yasashiipython」フォルダーが作成されます。最後にcdコマンドで、作成したフォルダーに移動します。

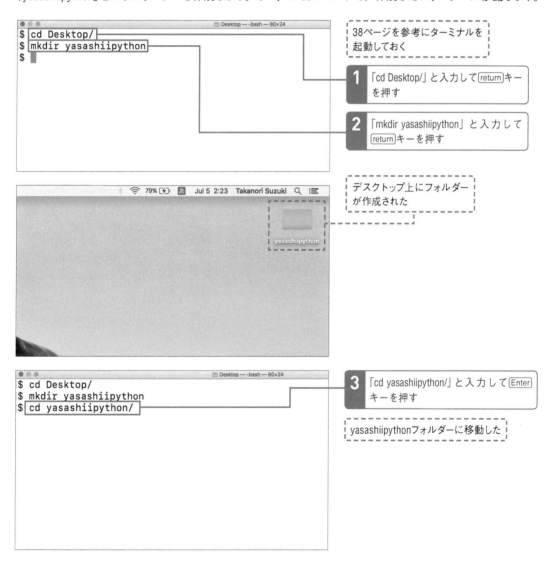

```
                     Desktop — -bash — 80×24
$ cd Desktop/
$ mkdir yasashiipython
$
```

38ページを参考にターミナルを起動しておく

1 「cd Desktop/」と入力して return キーを押す

2 「mkdir yasashiipython」と入力して return キーを押す

🔵 79% 🔋 あ Jul 5 2:23 Takanori Suzuki Q ≔

yasashiipython

デスクトップ上にフォルダーが作成された

```
                     Desktop — -bash — 80×24
$ cd Desktop/
$ mkdir yasashiipython
$ cd yasashiipython/
```

3 「cd yasashiipython/」と入力して Enter キーを押す

yasashiipythonフォルダーに移動した

● Atomでファイルを作成する

1 | Pythonのファイルを作成して保存する

それではファイルを作成してPythonのプログラムを書いてみましょう。テキストエディターのAtomを起動し、新しいファイルを作成します。先ほど作成した yasashiipythonフォルダーに sample.pyというファイル名で保存します。

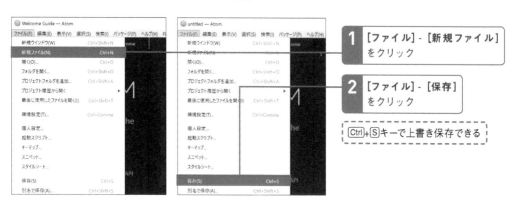

1 [ファイル] - [新規ファイル] をクリック

2 [ファイル] - [保存] をクリック

Ctrl + S キーで上書き保存できる

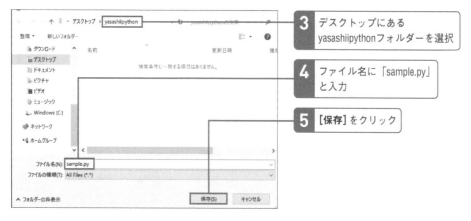

3 デスクトップにある yasashiipythonフォルダーを選択

4 ファイル名に「sample.py」 と入力

5 [保存]をクリック

2 AtomでPythonプログラムを書く

sample.pyにPythonのプログラムを書きます。ここでは「print(1 + 2)」という、1と2を加算した結果を表示するプログラムを書きます。プログラムを書いたら再度メニューから［ファイル］-［保存］を選択して、ファイルを上書き保存します。dirコマンド（macOSではlsコマンド）を実行して、sample.pyというファイルが作成されていることを確認します。

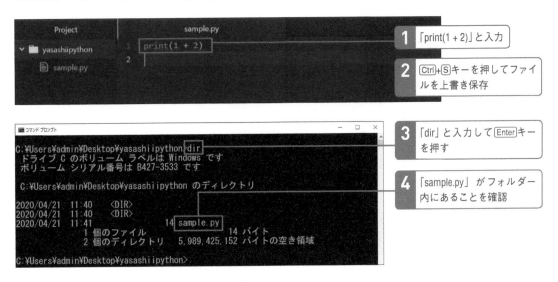

1 「print(1 + 2)」と入力

2 Ctrl+Sキーを押してファイルを上書き保存

3 「dir」と入力してEnterキーを押す

4 「sample.py」がフォルダー内にあることを確認

● Pythonのプログラムを実行する

コマンドプロンプトで「python sample.py」と入力して、先ほど作成したPythonのプログラムを実行します。

プログラムが正常に実行されるとコマンドプロンプトに「3」と表示されます。

1 「python sample.py」と入力してEnterキーを押す

「3」と表示される

Point macOSで操作する場合は？

macOSではdirコマンドの代わりにlsコマンドを、pythonコマンドの代わりにpython3コマンドを
使います（Lesson 7、11参照）。

```
$ cd Desktop/
$ cd yasashiipython/
$ ls
sample.py
$ python3 sample.py
3
$
```

👍 ワンポイント ファイル、フォルダー名の補完機能

cdコマンドでフォルダー名を入力するときに、
スペルミスをしがちです。コマンドプロンプト
にはファイル、フォルダー名の入力を補完する
機能があるので、この機能を使用すると入力が
楽になります。

補完機能は Tab キーで動作します。カレントフ
ォルダーの下のDesktopフォルダーに移動する
場合は、以下のように入力します。

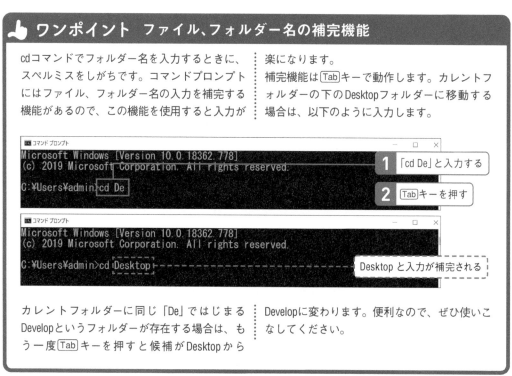

1 「cd De」と入力する

2 Tab キーを押す

Desktop と入力が補完される

カレントフォルダーに同じ「De」ではじまる
Developというフォルダーが存在する場合は、も
う一度 Tab キーを押すと候補が Desktop から

Developに変わります。便利なので、ぜひ使いこ
なしてください。

これでコマンドプロンプトの基本操作
ができるようになりました。次からい
よいよPythonのプログラミングです。

Chapter

3

基礎を
学びながら
プログラムを
作成しよう

このChapterから、いよいよ
Pythonの基礎文法を使って、
簡単な処理をするプログラム
を作成します。10行未満のプ
ログラムを書いて、入力、計算、
結果の出力というプログラミ
ングの基本を学びましょう。

Lesson 12

[プログラムを書く前に]

プログラムで実現したいことを考えてみましょう

このレッスンの
ポイント

プログラムを書いてみるといっても、「コンピューターにさせたいこと」がないことにははじまりません。人間と同じように、コンピューターにも得意・不得意があります。コンピューターの性質を理解し、どのようなプログラムを作るとよいのかを考えてみましょう。

→ コンピューターが得意なこと・不得意なこと

コンピューターの得意なことは、膨大な数の計算をすばやくこなしたり、大量の情報を記憶したり、同じことを何度も繰り返したりすることです。より具体的な機能に分解していくと、「入力」「出力」「計算」「繰り返し」「条件付き分岐」といったものです。プログラムというのは、こういったコンピューターが得意なことをさせるための命令の集まりです。逆に

コンピューターの不得意なことは、人間のようにアイデアを生み出したり、情報を応用して別のものを創り出すことです。

プログラムを作るときは、まずは両者の得意・不得意の違いを意識し、今コンピューターにさせたい動作は一体何なのかをじっくり考えることが大切です。

▶ プログラムは「コンピューターへの命令」の集まり

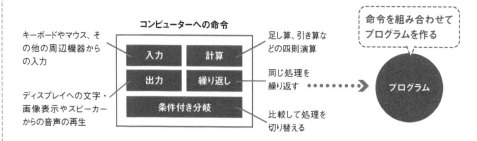

コンピューターにさせたいことを洗い出す

プログラムを書くにあたって、まず、コンピューターにどのようなことをしてほしいのかを考えます。今回は「生まれた年を入力すると干支を表示する」という例題をベースに考えてみましょう。はじめのうちは、実際どのようなプログラムになるのか想像することは難しいと思います。しかし、以下の流れのように例題を1つ1つの動作に分解して考えてみると、どのような動作が必要なのかが明確になります。いかがでしょうか？　分解して考えることで、プログラムを書くということの全容が少し見えた気がしませんか？

▶ 作りたいプログラムのイメージ

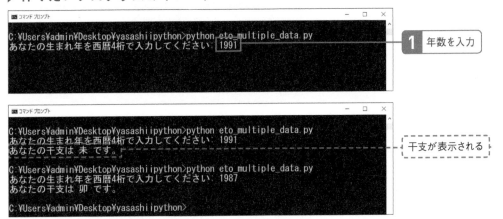

1 年数を入力

干支が表示される

▶「させたいこと」を細かい動作に分割する

生まれた年を入力すると干支を表示する

1. 生まれた年を入力させる	入力
2. 生まれ年をもとに干支を特定する計算をする	計算
3. 計算結果が x の場合、y という干支の文字に変換する	計算
4. 干支を表示する	出力

仕事などで困っていたり、効率化を図りたいと思っている部分があれば、それらの問題をどうすればプログラムで解決できるかを考えてみるといいでしょう。

→ 命令を組み合わせた手順をアルゴリズムという

コンピューターにしてほしいことを達成させるための一連の手順をアルゴリズムといいます。先ほどの解説で分解した「生まれた年を入力させる」→「生まれ年をもとに干支を特定する計算をする」→「計算結果がxの場合yという干支が選ばれる（x=0のときはy=子、x=1のときはy=丑……）」→「干支の名前を表示する」という動作も、アルゴリズムの1つです。プログラムを書くということは、これらアルゴリズムを一連の手順にまとめる作業なのです。

> 「どう組み合わせれば目的を達成できるのか」という問題の解き方をアルゴリズムといいます。

→ 西暦という「数値」から干支という「文字」を求めるには？

このプログラムの中心となる、西暦から干支を求める部分を考えてみましょう。具体的にいうと、例えば1996年、2008年、2020年のいずれかが入力されたら「子」年と表示する方法です。そのためにはまず数値から文字を求める方法を知らなくてはいけません。プログラムで、数値から対応する文字を求める場合、「文字に0から番号を割り当てて、番号で文字を取り出す」のが一般的な手法です。今回の場合は、干支の12文字それぞれに0から11までの番号を割り当てるので、1996、2008、2020などの数値が入力されたときに0という順番を計算する方法を見つければいいのです。

▶ 順番から対応する文字を求める

0 番目

> 干支の文字のデータを用意しておき、順番を指定して1つ抜き出す

子丑寅卯辰巳午未申酉戌亥

子

▶ 数値から順番を求める

西暦	···▶	0 ～ 11 の順番

> 数値を12で割った余りを計算すれば、0～11を繰り返す数値が求められる

2008 を 12 で割った余り	···▶	4

> 0にならない。8を足すか4を引く必要がある

2008 に 8 を足してから 12 で割った余り	···▶	0

> これでOK!

アルゴリズムを図で表す

頭の中でプログラムがどういう動きをするのかを想像することは、ある程度プログラムを書くことに慣れていないとすぐにはできないものです。そういったときは、アルゴリズム（プログラム）の流れを図に起こしましょう。以下のような流れを表す図を「フローチャート」といいます。図を書くことは、これからプログラムの流れを考えるときの、よき助っ人となるでしょう。

▶ フローチャートの例

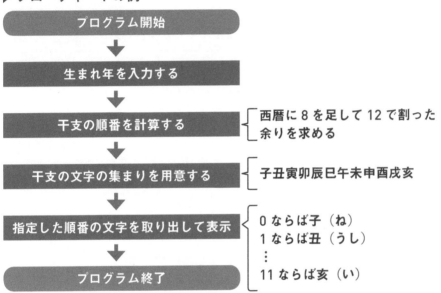

この例は流れが一本道でシンプルですが、プログラムの多くはもっと複雑です。悩んだときは一度フローチャートに書き出して整理してみましょう。

👍 ワンポイント フローチャートやアルゴリズムを書くツールは？

プログラムを書きはじめる前に、コンピューターにやらせたいことやアルゴリズムを事前にまとめておくとよいとお話しました。では、フローチャートやアルゴリズムを書くにはどんなツールを使えばいいのでしょうか？

実はもっともおすすめのツールは紙とペンです。大げさなツールは必要ありません。紙とペンでまとめた図はカメラで撮影して保存しましょう。まずは思考をまとめるために、書き出して整理することが重要です。

Lesson 13 ［数値の計算］ コンピューターに 計算をさせてみましょう

このレッスンの ポイント

前のLessonでは、プログラムを作るときの考え方を学びました。次 はいよいよPythonを使ってプログラムを書いていきます。この Lessonで、簡単な例題をもとにコンピューターの得意なことの1つ である「数値計算」をする方法を学んでいきましょう。

→ プログラムで計算をするには？

プログラムで計算をするには、「式」を書きます。式 は数値や演算子を組み合わせたものです。以下の 例は、一番簡単な計算式です。算数で習う数式と

そう変わりはありません。また、ここに登場するよ うな数値やデータなどの文字列や真偽値（74ページ を参照）、式の計算結果のことを「値」といいます。

▶ 計算する式の例

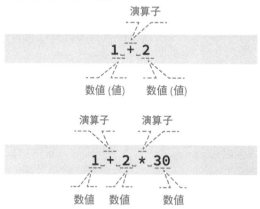

本書では半角スペースの場所を 「 ⌴ 」で示します。

プログラムは基本的には半角英 数字で入力しましょう。全角で入 力してしまうと、プログラムが動 かなかったり、予期しない結果 になる可能性があります。

算数とはちょっと違う！ 計算記号の「演算子」

演算子とは、計算するときの記号のことです。足し算のプラス記号「+」、引き算のマイナス記号「-」などが演算子にあたります。プログラムの世界では、算数の計算方法のように線や図を書いて計算はできませんから、すべての計算方法を演算子で指定し

ます。例えば、割った余りを出したいときは、「%」という演算子を使います。「17 % 4」の計算結果は、余りの数である「1」となります。余りの数以外にも、掛け算の演算子は「×」ではなく「*」と書くなどの独特のルールがあります。

▶ Pythonの主な演算子と実行例

演算子	演算子の意味	計算の例
a + b	足し算	1 + 2 → 3
a - b	引き算	3 - 1 → 2
a * b	掛け算	2 * 7 → 14
a / b	割り算	17 / 4 → 4.25
a // b	割り算の結果から小数点以下を切り捨てる	17 // 4 → 4
a % b	aをbで割った余り	17 % 4 → 1
a ** b	aのb乗	2 ** 3 → 8

👍 ワンポイント プログラムの適切な位置に半角スペースを入れる

プログラムの内容は、一般に「書く時間」より「読まれる時間」のほうが多いといわれます。Pythonでは、PEP8（ペップエイト）と呼ばれる可読性の高いプログラムの書き方についてのまとまった規約があります。その中に「変数の代入（Lesson 15参照）の等号（=）の前後には半角

スペースを1つ入れる」というルールがあります。半角スペースを入れることでプログラムを読みやすくしています。スペースの有無がルールと異なると、複数人で開発する場合、不統一で読みにくいプログラムとなってしまいます。ルールにしたがった書き方を心がけましょう。

▶ 読みにくい式

```
i=i+1
```

▶ 読みやすい式

```
i = i + 1
```

▶ PEP 8 -- Style Guide for Python Code（公式）

https://www.python.org/dev/peps/pep-0008/
日本語訳
https://pep8-ja.readthedocs.io/ja/latest/

➡ 演算子には優先順位がある

演算子には計算する順番の優先順位があります。例えば、「1 + 2 * 3」という計算式は「2 * 3」が先に計算され、次に「1 + 6」が計算され、結果は7となります。足し算と引き算よりも、掛け算や割り算が優先されます。同じ優先順位の演算子が並んだ場合は、左側から順番に計算されます。

▶ 演算子の優先順位

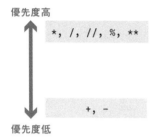

優先度高

```
*, /, //, %, **
```

```
+, -
```

優先度低

▶ 優先度が同じものがある場合

15　　%　　4　　*　　2

❶ 左側の「15 ％ 4」が先に計算される

❷ 次に「15 ％ 4」の計算結果の3に2が掛け算される

➡ ( )カッコで囲んで計算する順番を変える

優先順位を変更したい場合は、先に計算してほしい部分を( )カッコで囲むことで、カッコ内の式を先に計算させることができます。もちろん、演算子を並べる順番を変更しても意図した計算結果が返ってくるのであれば問題ありません。しかし、カッコを使ったほうが式を理解しやすい場合もあるので、使い方を覚えておくとよいでしょう。

▶ 計算の優先順位

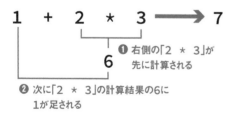

1　+　2　*　3　➡　7

❶ 右側の「2 * 3」が先に計算される

6

❷ 次に「2 * 3」の計算結果の6に1が足される

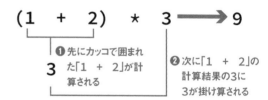

(1　+　2)　*　3　➡　9

❶ 先にカッコで囲まれた「1 + 2」が計算される

3

❷ 次に「1 + 2」の計算結果の3に3が掛け算される

● Pythonを使ってコンピューターに計算させる

1 対話モードで計算式を実行する

実際に手を動かしてコンピューターに計算させてみましょう。まずはLesson 7を参考に、コマンドプロンプトを起動して「python」と入力し、対話モードにして、Pythonを使える環境にします❶。各演算子を使って思いつく計算式を入力してみましょう❷❸。数値とスペースは半角文字で入力しましょう。

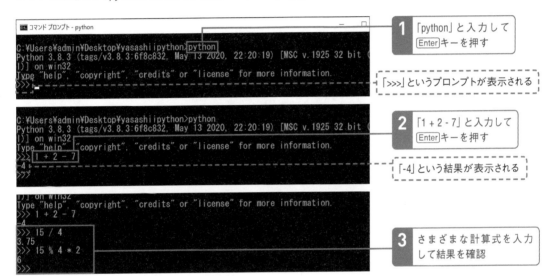

1 「python」と入力して Enter キーを押す

「>>>」というプロンプトが表示される

2 「1 + 2 - 7」と入力して Enter キーを押す

「-4」という結果が表示される

3 さまざまな計算式を入力して結果を確認

2 計算する順番を変えてみよう

続いて( )カッコを使って計算する順番を変えてみましょう❶。何度か入力していくうちに、それぞれの演算子の特徴がつかめてくるはずです。

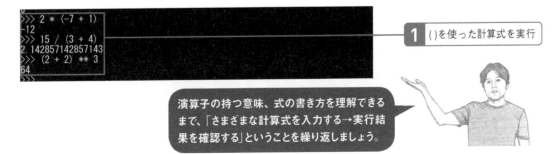

1 ( )を使った計算式を実行

演算子の持つ意味、式の書き方を理解できるまで、「さまざまな計算式を入力する→実行結果を確認する」ということを繰り返しましょう。

Lesson
14
print()関数

データの表示方法を覚えましょう

このレッスンの
ポイント

> このLessonからは、生まれ年から干支の順番を計算するプログラム
> を例に、Pythonの基本文法を解説していきます。まずは新しい
> Pythonのファイルを作成し、print()関数を使って何かを表示させて
> みましょう。

まずはプログラムを書く準備を整える

Lesson 11でファイルに書いたPythonのプログラム（.py拡張子のファイル）を実行する方法を学びました。このLessonからは、実際にファイルにプログラムを書いていきます。ファイルを作るには、Chapter 1でインストールしたテキストエディターのAtomを使用します。

▶ ファイルを作って実行する

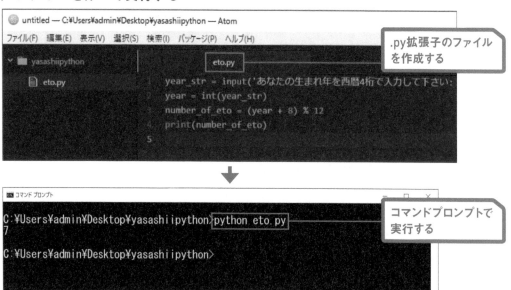

.py拡張子のファイル
を作成する

コマンドプロンプトで
実行する

プログラムを実行する場所を確認する

コマンドプロンプトの使い方はChapter 2で解説しましたが、プログラムを実行する場所について、ここでおさらいしておきます。プログラムを実行するとき、「Pythonプログラムのファイルがある場所」をフォルダーを含めて入力して Enter キーを押します。こ

の、フォルダーへの経路を、ファイルのパス（path）といいます。パスを正しく指定しないと、pythonコマンドはファイルを認識せず、プログラムも実行されません。

▶ Windowsのデスクトップ内のyasashiipythonフォルダーにファイルがある場合

```
>python_c:¥Users¥ユーザー名¥Desktop¥yasashiipython¥eto.py
```

▶ cdコマンドでyasashiipythonフォルダーに移動してから実行

```
>cd_c:¥Users¥ユーザー名¥Desktop¥yasashiipython
>python_eto.py
```

Pythonプログラムの実行結果はprint()関数で表示する

対話モードでプログラムを実行させる場合は、式を書いて Enter キーを押せばすぐに実行結果が表示されましたね。しかし、Pythonのプログラムをファイルに書いて実行する場合は、式を書いて実行しただけでは結果は表示されません。
ファイルからプログラムを実行して結果を表示させたい場合は、print()関数を使います。以下のプロ

グラムの例のようにprint()の丸カッコ内に計算式を書き、eto.pyファイルを保存しましょう。　そして「python eto.py」を実行してみましょう。コマンドプロンプトに、計算結果が表示されましたか？　よく使う機能なので、覚えておきましょう。次のページでは、この手順を一緒にやってみましょう。

▶ printの書き方

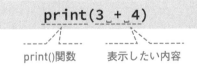

```
print(3_+_4)
```

print()関数　　表示したい内容

> print()のような命令のことを「関数」といいます。詳しくはLesson 22で説明するので、ここでは何となく頭に入れておいてください。

● Pythonのプログラムを書くファイルを作成する

1 新しいPythonのファイルを作成する　eto.py

まず、ファイルを作成しましょう。Atomのメニューバーから [ファイル] メニューの [新規ファイル] をクリックして新しいファイルを作成し❶、保存ダイアログボックスを表示して❷、「eto.py」というファイル名を付けてファイルを保存してください❸。

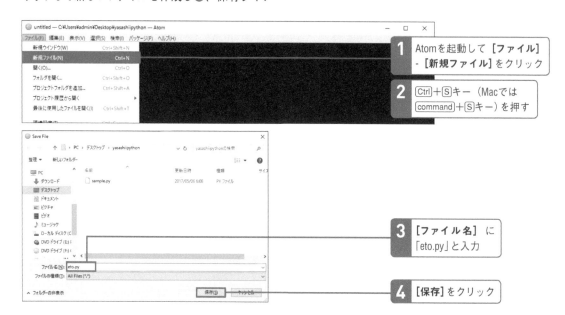

1 Atomを起動して [ファイル] - [新規ファイル] をクリック

2 Ctrl＋Sキー （Macでは command＋Sキー） を押す

3 [ファイル名] に 「eto.py」と入力

4 [保存]をクリック

2 ファイルが作られたことを確認する

きちんとファイルが作られたかどうかを確認するために、コマンドプロンプトで「python eto.py」を実行してみましょう❶。何も起こらなければ、ファイルは正しく生成されています。もしファイルが作成されていないか、 保存場所を間違えている場合、

「python: can't open file 'eto.py': [Errno 2] No such file or directory」（'eto.py'を開けない：そのようなファイルやフォルダーはない）といったエラーメッセージが表示されます。

1 「python eto.py」と入力して Enterキーを押す

● print()関数で結果を表示する

1 print()関数を追加する

print()関数の動作を確認するために、eto.pyに次の一行のプログラムを書き❶、Ctrl＋Sキー（Macでは command＋Sキー）を押して上書き保存してください。

```
001  print(3 + 4)
```
❶ print()関数を入力

2 プログラムを実行する

再びコマンドプロンプトで「python eto.py」と入力し、Enterキーを押してください❶。間違いがなければ、( )の間に書いた3+4の計算結果の7が表示されます。

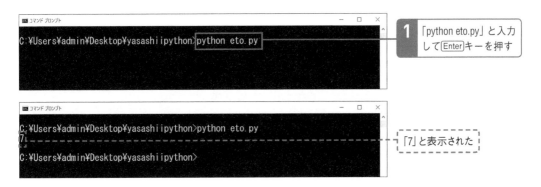

❶ 「python eto.py」と入力して Enter キーを押す

「7」と表示された

👍 ワンポイント print()関数で文字を表示するには

プログラム上では、文字はシングルクォーテーション（またはダブルクォーテーション）で囲まなければいけません。数値は12、文字は'12'といったように、区別して記述します。

また、クォーテーションで囲った値を文字列といいます。詳しくはあとのLessonで説明するので、ここでは数値と文字列の書き方だけを頭に入れておけば大丈夫です。

| 12 ・・・・・ 数値 |
| '12' ・・・ 文字列 |

Lesson

15

[変数の理解]

変数を使って値を記憶しましょう

このレッスンの
ポイント

> このLessonでは、値に名前を付けて記憶する「変数」という仕組みについて学びましょう。変数を利用すると、同じ値を複数の行にまたがって利用できるようになります。より複雑なプログラムを書くためには欠かせないものです。

➡ 変数を使うメリットは？

ここで少し考えてみましょう。例えば、1991年生まれの干支を計算するプログラムができました。年を別の年に変えたいとき、あなたならどうしますか？

ファイルを開いて、生まれ年の部分を書き替えますか？　今までは、1つの数式だけを扱っていましたが、もしプログラムに膨大な行数があり、その大量のプログラムの中で生まれ年の値が何度も使わ

れていたらどうでしょうか。すべて一字一句間違えずに、書き替えるのはとても大変です。そこで、プログラムの世界では、1つの値に対して名前を付けて、その名前を書くだけで値を使えるようにする仕組みがあります。この値に名前を付ける仕組みを「変数」といいます。

▶ 変数が便利な理由

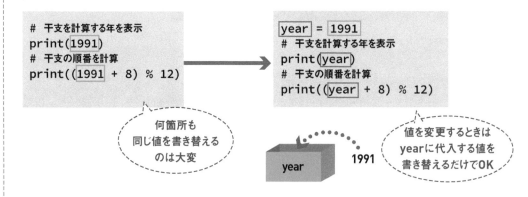

```
# 干支を計算する年を表示
print(1991)
# 干支の順番を計算
print((1991 + 8) % 12)
```

```
year = 1991
# 干支を計算する年を表示
print(year)
# 干支の順番を計算
print((year + 8) % 12)
```

何箇所も
同じ値を書き替える
のは大変

year　1991

値を変更するときは
yearに代入する値を
書き替えるだけでOK

変数に記憶することを代入という

では実際に、変数の仕組みを利用して数値に名前を付けてみましょう。名前を付けるときは、等号の左辺に名前、右辺に名前を付けたい値を書きます。

ここで使用する等式は、数学と違って等号の意味ではありません。プログラムの世界では「代入」といいます。

▶ 変数への代入

▶ 代入の仕組み

変数の値を利用する「参照」

変数に代入された値を利用することを「参照」といいます。参照のやり方は簡単です。例えば、ある変数に代入した数値を使って計算したいときは、その変数名を計算式に組み込めばいいだけです。

yearに1991という数値が代入されているときには、「(year + 8) % 12」と書くと、yearの値が参照され、実際の計算は「(1991 + 8) % 12」に置き換わります。

▶ 参照の仕組み

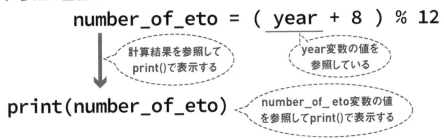

→ わかりやすい変数名を付けよう

プログラムの世界では、英語で変数名を付けるのが基本です。名前を付けるポイントは、変数名を見て何を表しているのか、ひと言で表されているかどうかです。例えば、「好きな食べ物」という変数名を付けたい場合は「favorite_food」と名前を付けると、誰かの好きな食べ物の名前が値として入っているのだな、とわかります。もし、変数名が「x」のように意味を持たない名前の場合、プログラムの前後、果てはすべてのプログラムを読まないと、どのような値が入っているのかわからなくなってしまいます。

もう1つのポイントは、「favorite_food」のように、2つ以上の単語を使う場合はアンダースコアでつなげることです。例えば、「favoritefood」と書いた場合、パッと見たときに頭の中で1つ1つの英単語に分解して、変数の意味を理解するまでに時間がかかります。最初は変数名が長くなってもいいので、わかりやすい変数名を付けましょう。

▶ Pythonでの変数名の付け方

- できるだけ英語を使用する
- 複数の単語を組み合わせた名前にする場合はアンダースコアでつなげる
- すべて小文字で書くのが基本
- 数字も使用できるが数字からはじまる名前と数字のみの名前は使えない

本書でも上記のルールに沿って、プログラム中の変数名を付けています。

👍 ワンポイント どうして変数名は大事？

なぜわかりやすい変数名が大事なのでしょうか。xやyでは問題があるのでしょうか？ 71ページのeto.pyを以下のように書き替えてみます。このプログラムでファイル名がsample.pyだったら何をするプログラムなのかまったくわかりません。

変数名は、変数自体の意味を説明するだけでなくプログラムの説明に役立ちます。「ここにはどんな処理の結果が入っているか」「何を説明すべきか」を意識して変数名を付けましょう。

▶ わかりにくい変数名のプログラム

```
y = 1991
y = (y + 8) % 12
print(y)
```

変数を使ったプログラムを書く

1 計算式を作成する `eto.py`

Lesson 14に続いてeto.pyを編集していきます。ここでは変数を使って、干支の順番を計算する式を作成しましょう。69ページでも説明しましたが、干支の順番は、生まれ年に8を足して12で割った余りの値から得られます。

まず、year変数に生まれ年を代入します①。そして、yearの値を参照して干支の順番を計算する式を作成します。

number_of_etoは干支の順番の値（0: 子 〜 11: 亥）を代入する変数です。yearとは違い、左辺のnumber_of_etoに対し、右辺は計算式を書いていますね。この場合、number_of_etoへ代入される前に、右辺にある式が計算されます。そして、計算された結果が、左辺のnumber_of_etoへ代入されます②。式がそのまま変数に代入されるわけではありません。

最後に計算の結果（干支の順番）を出力します③。

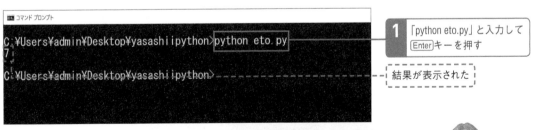

```
001  year_=_1991
002  number_of_eto_=_(year_+_8)_%_12
003  print(number_of_eto)
```

1 year変数に生まれ年を代入
2 計算結果を代入
3 計算結果を出力

> このLessonでは干支の順番を表す数値をそのまま出力しますが、Lesson 21で干支の名前（子、丑など）を表示できるようにします。順番の値を0から数えはじめている理由もそこでわかります。

2 プログラムを実行する

```
C:¥Users¥admin¥Desktop¥yasashiipython>python eto.py
7
C:¥Users¥admin¥Desktop¥yasashiipython>
```

1 「python eto.py」と入力して[Enter]キーを押す

結果が表示された

> 変数の使い方はわかりましたか？プログラムで大事な概念の1つなので、よく覚えてください。

Lesson 16 ［標準入力と標準出力］
キーボードから入力を受け取る方法を知りましょう

**このレッスンの
ポイント**

今までは、プログラム内に直接値を書き込んでいました。しかし、現実世界のシステムでは、その時々によって扱う値が異なることがほとんどです。ここでは、プログラムの外から任意の値を受け取る方法を学びましょう。

→ プログラムの外から値を受け取る

「プログラムの外から値を受け取る」ことを理解するには、電卓を使う場面を想像するとわかりやすいでしょう。例えば電卓は、数字や演算子のボタンを押して数式を入力し、イコールボタンを押すと結果が表示されますね。これは、「電卓本体に組み込まれているプログラムに、数字ボタンで入力した値を渡して計算をする」ということ、つまりプログラムの外

から値を受け取って処理しています。この仕組みをPythonのプログラムに置き換えて考えた場合、電卓の計算機能の部分がプログラム、数字ボタンがキーボード、計算結果を表示する部分がコマンドプロンプトとなります。このキーボードからの入力を「標準入力」、コマンドプロンプトへの表示を「標準出力」といいます。

▶ 標準入力と標準出力のイメージ

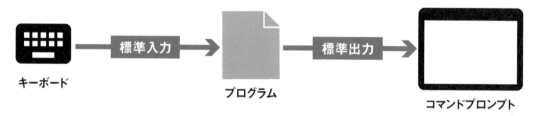

「標準入力」と「標準出力」は昔のコンピューターに由来する用語で、CUI（45ページ参照）のプログラムでは今でも使われています。

標準入力を受け付けるinput()関数

Pythonでは、input()関数を利用することで標準入力を受け付けるプログラムを作成できます。書き方は簡単でプログラム内にinput()と書くだけです。値をプログラム内で保持するには、input()をそのまま変数へ代入します。例えば以下のプログラムを見てください。このプログラムを実行すると、何も表示されない状態が続きます。これは、プログラムが標準入力を待っている状態です。このときに、キーボードで「1991」と入力してから[Enter]キーを押すと、「1991」と入力した内容が表示されます。

▶ input()の書き方

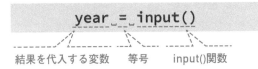

結果を代入する変数　　等号　　input()関数

▶ input()を使ったプログラムを実行して標準入力からの値を表示する

year_=_input() …… 標準入力（キーボードから入力された値）を変数へ代入
print(year) ……… 標準出力へ入力された値を出力

入力カーソルが点滅した
状態が続く

キーボードから「1991」と
入力して[Enter]キーを押す

入力した「1991」が
そのまま表示される

input()も関数の一種です。名前のあとに()が付いていたら関数と考えるといいでしょう。

Lesson 17 ［データ型］
データの型を学びましょう

このレッスンの
ポイント

コンピューターである値（データ）を利用するとき、数値の場合と文字列の場合で、プログラム内での扱いが変わります。Pythonでは「型」が正しくないとプログラムが実行できない場合があります。ここではいろいろな「データの型」について学びましょう。

→ すべてのデータには「型」がある

値（データ）には「型」が存在します。今まで扱ってきた数値はint型と呼ばれます（整数を表すintegerの略）。Pythonでは他に、浮動小数点数（小数点を含む実数）を表すfloat型、文字列を表すstr型、真偽値を表すbool型などが存在します。同じ数値

同士であるint型とfloat型との計算は可能ですが、数値と文字列であるint型とstr型との計算はできません。プログラムを書くときには、型の違いを意識する必要があります。

▶ いろいろな型の種類

int型（整数型）
小数点なし数値
1　17　−3

float型（浮動小数点数型）
小数点を含む数値
1.5　−0.4 3.141592

str型（文字列型）
文字を「'」か「"」で囲む
'林檎'　'apple' "108"

bool型（真偽値型）
正しいか正しくないか
True　False

型変換とは

input()関数で標準入力から入力されたデータは、すべて文字列型(str)になります。そのため、数値(int)として足し算などの計算をしたい場合は、int型へ変換する必要があります。このように、ある型を別の型に変換することを型変換といいます。型変換する

ときは、型変換の関数の丸カッコの中に、変換したい値を入れます。以下のプログラムでは、year_strの値をint型に変換することで計算できますが、もしstr型のまま計算しようとするとエラーになります。

▶ 型の変換をする

```
year_str_=_'1991'
year_=_int(year_str) ………………… 入力された値はstr型なのでint型へ変換する
number_of_eto_=_(year_+_8)_%_12 ……… int型同士なので計算が可能
```

▶ 型変換を行う主な関数

関数名	型
int()	整数型
float()	浮動小数点数型
str()	文字列型

型が合わないとエラーが発生する

int型とfloat型のような数値の型同士であれば異なる型の組み合わせでも計算は可能です。しかし、数値と文字列の組み合わせで計算しようとすると、

以下の例のようにエラーメッセージが表示されプログラムが停止してしまいます。

▶ 型が合わないときに表示されるエラー

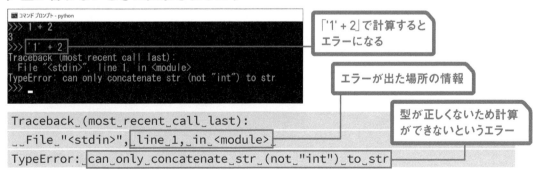

「'1' + 2」で計算するとエラーになる

エラーが出た場所の情報

型が正しくないため計算ができないというエラー

```
Traceback_(most_recent_call_last):
_File_"<stdin>",_line_1,_in_<module>
TypeError:_can_only_concatenate_str_(not_"int")_to_str
```

● 任意の年から干支の順番を計算するプログラムを完成させる

1 標準入力を使う `eto_input.py`

まずはPythonプログラムを記述するファイルの作成からはじめます。今回は「eto_input.py」というファイルを作成しましょう。

次に、input()関数を利用して標準入力を受け取れるようにします。input()関数には、入力を促す文字列が設定できます。inputの()内に、表示させたい文字列を書くだけです。どういった値を入力してほしいのか、わかりやすいメッセージを書くとよいでしょう❶。今回入力してほしい値は生まれ年なので、そのことを表すメッセージを指定します。

```
001  year_str_=_input('あなたの生まれ年を西暦4桁で入力してください:_')
```

1 メッセージを表示

```
コマンド プロンプト - python  eto_input.py

C:¥Users¥admin¥Desktop¥yasashiipython>python_eto_input.py
あなたの生まれ年を西暦4桁で入力してください: _
```

入力を促すメッセージが表示される

2 文字列から数値へ型変換する

input()関数で入力した値は、すべてstr型（文字列）となってプログラム内に入ってきます。四則演算をするためには、値をint型へ変換する必要があるのでint()関数で型変換をしましょう❶。

```
001  year_str_=_input('あなたの生まれ年を西暦4桁で入力してください:_')
002  year_=_int(year_str)
```

1 入力された値をint型へ変換

3 任意の値を入力するプログラムが完成した

計算に使用する値がすべて数値であることを確認したら、干支の順番を計算する式を作成し、結果を変数へ代入します❶。最後に計算結果をprint()で

表示させるようにすればプログラムの完成です❷。これまでと同様に、eto_input.pyを実行してみてください❸❹。

```
001  year_str_=_input('あなたの生まれ年を西暦4桁で入力してください:_')
002  year_=_int(year_str)
003  number_of_eto_=_(year_+_8)_%_12
004  print(number_of_eto)
```

1 計算結果を変数へ代入

2 結果を表示

3 「python eto_input.py」と入力して[Enter]キーを押す

4 年を入力して[Enter]キーを押す

入力した生まれ年に応じて結果が変わる

> 任意の値を受け取れるようにするだけで、プログラムの幅が広がります。試しに、自分の生まれ年を入力してみたり、別の計算式を作って表示させて遊んでみましょう。

Lesson 18 print()関数❷
わかりやすいメッセージを 出力しましょう

このレッスンの ポイント

ここまではプログラムの実行結果として数値を直接出力していましたが、その数値の意味を示すメッセージと合わせて出力するとわかりやすいですよね。ここでは、メッセージと値を組み合わせてprint()関数で出力する方法を学びましょう。

⊕ print()関数に複数の値を指定する

print()関数には、文字と変数を1つの文字列として出力する機能があります。()の中にカンマ区切りで複数の値を入力すると、1つの文字列としてまとめて出力されます。

値としては数値と文字列が混在しても問題ありません。なお、出力される値と値の間にはスペースが入ります。

▶ print()関数の書き方

```
print(値1, 値2, 値3)
```

print関数　　　複数の値をカンマで区切って書く

▶ カンマ区切りで並べた変数や文字が連結されて表示される

```
year = 1991
number_of_eto = (year + 8) % 12
print(year, '年の干支の順番は', number_of_eto, 'です。')
```
　　　　　　　　　　　　　　……print()で文字列と数値をまとめて出力

```
    1991                    ( 1991 + 8 ) % 12 の計算結果
  year     '年の干支の順番は'      number_of_eto        'です。'
```

```
'1991 年の干支の順番は 7 です。'
```

● 結果にメッセージを付けてprint()関数で出力する

1 ┊ メッセージを追加する　eto_input.py

Lesson 17に引き続きeto_input.pyを編集します。最後の行の結果を表示するところで、print()関数に説明用のメッセージを追加します❶。こう書くと「あなたの干支の順番は 0 番です」というように画面に出力されます。

```
001  year_str_=_input('あなたの生まれ年を西暦4桁で入力してください:_')
002  year_=_int(year_str)
003  number_of_eto_=_(year_+_8)_%_12
004  print('あなたの干支の順番は',_number_of_eto,_'番です。')
```

❶ 結果を表示

```
■■ コマンド プロンプト                                       －  □  ×

C:¥Users¥admin¥Desktop¥yasashiipython>python eto_input.py
あなたの生まれ年を西暦4桁で入力してください: 1991
あなたの干支の順番は 7 番です。

C:¥Users¥admin¥Desktop¥yasashiipython>python eto_input.py
あなたの生まれ年を西暦4桁で入力してください: 1972
あなたの干支の順番は 0 番です。

C:¥Users¥admin¥Desktop¥yasashiipython>
```

メッセージ付きで出力される

print()関数で複数の値を出力すると値の間にスペースが入ります。このスペースをなくしたい場合はf-stringを使います（Lesson 23参照）。

👍 ワンポイント コメントでプログラムの注釈を入れる

プログラムを読む人のための注釈を書く仕組みとして、「コメント」という機能があります。Pythonでは#以降に書かれた内容は、すべてコメントとしてプログラムでは無視されます。

プログラムの内容として動作がわかりにくい箇所には、注釈としてコメントを記述しましょう。下記は、eto_input.pyにコメントを追加した例です。

▶ コメントの例

```
year_str_=_input('あなたの生まれ年を西暦4桁で入力してください:_')
year_=_int(year_str)__#_西暦を数値に変換する
#_干支の順番(0-11の範囲)を西暦から計算する
number_of_eto_=_(year_+_8)_%_12
print('あなたの干支の順番は',_number_of_eto,_'番です。')
```

Lesson 19

[リスト]

複数のデータを1つにまとめましょう

このレッスンの
ポイント

Lesson 18までに作成したプログラムでは、変数には1つのデータだけを代入していました。実はプログラムの世界では、変数に複数の値を格納する「リスト」という仕組みがあります。ここでは、「リスト」について学びましょう。

→ 複数のデータをまとめる「リスト」

Pythonでは、数値や文字列など複数のデータをまとめて格納することができるリスト型（list）が存在します。書き方は、データをカンマで区切って、[ ]角カッコで囲むだけです。リストも、数値や文字列と同じように変数へ代入することができます。例と

して、干支の名前をリストにして1つの変数にまとめると、以下のプログラムのようになります。このように、複数の値に対し、1つの名前を付けてまとめる必要があるときは、リストの使いどころだと思ってください。

▶ リストの書き方

リストの開始　　　　　　　　　　　リストの終了

eto_list_=_['子',_'丑',_'寅',_'卯']

変数　　等号（代入）　　　　　　　　カンマで区切って
　　　　　　　　　　　　　　　　　　値を並べる

▶ 干支の名前をリスト型でまとめる

eto_list_=_['子',_'丑',_'寅',_'卯',_'辰',_'巳',_'午',_'未',_'申',_'酉',_'戌',_'亥']

eto_list = 　'子'　'丑'　'寅'　'卯'　……　'亥'

干支の名前のリスト

リスト内のデータの参照

リスト内に格納したデータを参照するときは、参照したいデータの順番を指定します。例えば、最初の干支である「子」を参照したい場合は、リストが代入された変数名のうしろに[0]と入れます。

Pythonに限らず、プログラムの世界ではデータの順番を表現するときに0から数えるのが一般的です。大事なルールの1つなので、覚えておきましょう。

▶ リストからデータを参照する例

```
eto_name_=_eto_list[2] ····· リストの[2]のデータ(寅)をeto_name変数に代入
print('あなたの干支は',_eto_name,_'です。')
```

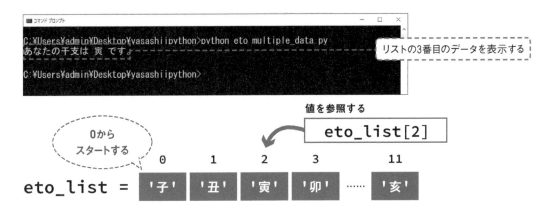

リストの3番目のデータを表示する

リストにはさまざまな型のデータを入れられる

リストには文字列型の他に、整数型、浮動小数点数型など、さまざまな型の値を入れることができます。

また、1つのリストに異なる型のデータを一緒に格納することもできます。

▶ さまざまな型を入れたリスト

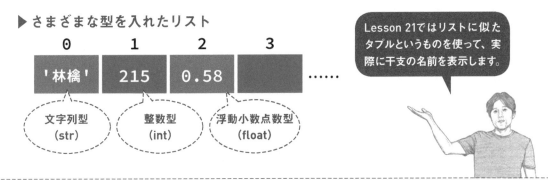

Lesson 21ではリストに似たタプルというものを使って、実際に干支の名前を表示します。

Lesson

20

[リストの操作]

リストを操作してみましょう

このレッスンの
ポイント

Lesson 19ではリストの概要について学びました。このLessonでは、リストに要素を追加したり、リストから特定の要素を削除したりする方法を学びましょう。新たにメソッドという仕組みを使います。メソッドについてはLesson 22でも説明します。

リストにデータを追加する

Pythonでは、すでに作成されたリストにあとからデータを追加するappend()という機能があります。この機能を使うと、リストの一番うしろにデータを追加することができます。書き方は今まで学んできた形とは少し違います。リストの変数のうしろに、ド

ットでappend()をつなげます。Pythonではこのように、ドットを使って1つのチェーンのように機能をつなぐ書き方をよく使います。このような書き方で呼び出せる機能をメソッドと呼びます。

▶ append()メソッドを使ったサンプルプログラム

```
eto_list_=_['子',_'丑',_'寅',_'卯',_'辰',_'巳',_'午',_'未',_'申',_'酉',_'戌',_'亥']
eto_list.append('猫') ···· リストにデータを追加する
print(eto_list)
```

ドット

eto_list . **append('猫')**

ドット + 機能名 ()

eto_listという
データ群に対して
append()の機能が働く

▶ append()メソッドの実行結果

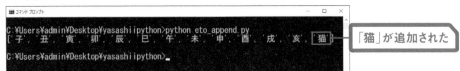

「猫」が追加された

remove()メソッドを使ってデータを削除する

リストに追加するappend()とは反対に、データを削除する remove() というメソッドもあります。この機能を使うと、removeの丸カッコ内に指定した要素がリストから削除されます。例えば、以下のプログラムでは、eto_list.remove('丑')を実行して、eto_listの2番目（0から数えると1）の要素である「丑」をリストから削除しています。

▶ remove()メソッドを使ったサンプルプログラム

```
eto_list = ['子', '丑', '寅', '卯', '辰', '巳', '午', '未', '申', '酉', '戌', '亥']
eto_list.remove('丑') ···· 丑を削除する
print(eto_list)
```

▶ remove()メソッドの実行結果

```
■ コマンド プロンプト                                    －  □  ×

C:¥Users¥admin¥Desktop¥yasashiipython>python eto_remove.py
['子', '寅', '卯', '辰', '巳', '午', '未', '申', '酉', '戌', '亥']

C:¥Users¥admin¥Desktop¥yasashiipython>
```

「丑」が削除された

削除すると順番が変わる

また、リストから要素を削除すると、リストの順番も変化します。remove()で削除する前は、リストの1番目は「丑」でしたが、削除したあとは「寅」が1番目となります。リストから要素を削除すると順番は左詰めされるので、順番が変わってしまうようなデータを扱う場合には注意が必要です。

```
eto_list = ['子', '丑', '寅', '卯', '辰', '巳', '午', '未', '申', '酉', '戌', '亥']
eto_name = eto_list[1] ····· eto_listの1番目の要素をeto_nameへ代入する
print('remove()実行前の干支リスト1番は', eto_name, 'です。')
eto_list.remove('丑') ······· 丑を削除する
eto_name = eto_list[1] ····· eto_listの1番目の要素をeto_nameへ代入する
print('remove()実行後の干支リスト1番は', eto_name, 'です。')
```

▶ remove()で順番が変わった実行結果

```
■ コマンド プロンプト                                    －  □  ×

C:¥Users¥admin¥Desktop¥yasashiipython>python eto_remove2.py
remove()実行前の干支リスト1番は 丑 です。
remove()実行後の干支リスト1番は 寅 です。

C:¥Users¥admin¥Desktop¥yasashiipython>
```

「丑」の削除でリストの順番全体が左詰めされて「寅」が1番目になった

21

[タプル]
不変のデータをまとめる
タプルを使ってみましょう

**このレッスンの
ポイント**

Lesson 19、20では複数のデータをまとめるリストを説明しましたが、Pythonには近い目的で使われる「タプル」もあります。リストとタプルの違いは、リストの内容はあとから変更できるのに対し、タプルは変更できないという点です。両者の違いを理解しましょう。

➡ 不変なデータには「タプル」を使う

不変なデータとは、プログラムの実行中に値が変わることがないデータという意味です。Pythonでは、不変なデータを扱うために、リスト型と少し似たタプル型（tuple）が存在します。リストは作成したあとで追加や削除が可能ですが、タプルを変更するには、プログラム内のタプルを定義している部分を

書き替えるしかありません。
干支のように、今後よほどのことがなければ内容が変わらないであろうデータや、プログラムの途中で書き替わると困るデータを扱うときは、リストではなくタプルを使うようにしましょう。

▶ タプルの構文

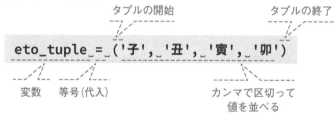

タプルの開始　　　　　　　　　　　タプルの終了

```
eto_tuple_=_('子',_'丑',_'寅',_'卯')
```

変数　　等号（代入）　　　　　　カンマで区切って
　　　　　　　　　　　　　　　　値を並べる

周りのいろんなデータや物事を見回して、どういうデータがリストやタプルで扱うのに向いているか、じっくり考えてみるのもよい勉強になりますよ。

タプルの使い方

リストの場合は [ ] 角カッコでデータ群を囲みましたが、タプルでは ( ) 丸カッコで囲みます。データをカンマ区切りで入力する点は変わりません。データの参照はリストと同じく、タプルが代入された変数名 のうしろに、角カッコで囲んだ番号を入れます。データの定義は丸カッコを使いますが、データの参照では角カッコを使うので、間違えないようにしましょう。

▶ タプルの参照

```
eto_tuple␣=␣('子',␣'丑',␣'寅',␣'卯',␣'辰',␣'巳',␣'午',␣'未',␣'申',␣'酉',␣'戌
',␣'亥')
eto_name␣=␣eto_tuple[1] ····· タプルでもデータを参照するときは[ ]を使う
```

▶ タプルは書き替えできない

```
eto_tuple[1]␣=␣'猫' ·········· 書き替えようとするとエラーになる
```

👍 ワンポイント リストとタプルを書くときのポイント

リストとタプルは「複数のデータをまとめる」という性質上、プログラムがとても長くなることがあります。データ群を一行にまとめて書いてしまうと、自分も他の人にとっても見づらいプログラムになってしまいます。 そこで、Pythonではもっと読みやすい書き方をすることができるようになっています。以下のプログラ ムのように、データの1つ1つを改行して書くことができるのです。
また、最後のデータにもカンマを付けましょう。例えばデータの順番を変更したいときに、そのまま行ごとコピー＆ペーストできるので編集が楽になります。

```
eto_tuple␣=␣(
␣␣␣␣'子', ····· 1つずつ改行すると読みやすい
␣␣␣␣'丑',
␣␣␣␣'寅',
␣␣␣␣␣:
␣␣␣␣'亥', ······ 最後のデータにもカンマを付けておくと修正が容易
)
```

● 生まれ年から干支の名前を出力するプログラムを完成させる

1 生まれ年から干支の順番を計算する　`eto_multiple_data.py`

まずはPythonプログラムを記述するファイルを作成しましょう。今回は、「eto_multiple_data.py」というファイルを作成します。さて次にプログラムの作成ですが、前のレッスンで学んだことをここでも使い

ます。input()関数を利用してキーボードから年の入力を受け付けるようにしましょう。また、どのようなデータを入力してほしいか、というメッセージも書いておきましょう**①**。

```
001   year_str_=_input('あなたの生まれ年を西暦4桁で入力してください:_')
002   year_=_int(year_str)
003   number_of_eto_=_(year_+_8)_%_12
```

1 生まれ年を入力

2 干支のデータを定義する

次に、干支のデータを1つにまとめましょう。干支の種類は変わらないと判断し、今回はリストではな

くタプルを使用します**①**。

```
001   year_str_=_input('あなたの生まれ年を西暦4桁で入力してください:_')
002   year_=_int(year_str)
003   number_of_eto_=_(year_+_8)_%_12
004   eto_tuple_=_('子',_'丑',_'寅',_'卯',_'辰',_'巳',_'午',_'未',_'申',_'酉',_'戌',_'亥')
```

1 干支のデータのタプルを作成

Point　干支の順番とデータの関係

number_of_etoには計算の結果、干支の順番を表す0〜11の数値が入ります。数値が0

なら'子'、1なら'丑'、11なら'亥'を表します。

```
number_of_eto_=_(year_+_8)_%_12 ・・・・0〜11の順番が求められる
eto_tuple_=_('子',_'丑',_'寅',_'卯',_'辰',_'巳',_'午',_'未',_'申',_'酉',_'戌',_'亥')
```

3 干支の名前を出力する

最後に、計算した干支の順番を利用し、干支のデータが入ったタプルから干支の名前の文字列を取得しましょう。取得したデータはeto_nameへ代入しておきます❶。最後に、eto_nameの値を表示しましょう❷。

```
001  year_str_=_input('あなたの生まれ年を西暦4桁で入力してください:_')
002  year_=_int(year_str)
003  number_of_eto_=_(year_+_8)_%_12
004  eto_tuple_=_('子',_'丑',_'寅',_'卯',_'辰',_'巳',_'午',_'未',_'申',_'酉',_'戌',_'亥')
005  eto_name_=_eto_tuple[number_of_eto]
006  print('あなたの干支は',_eto_name,_'です。')
```

1 タプルから値を取得して変数へ代入

2 eto_nameを表示

3 「python eto_multiple_data.py」と入力して[Enter]キーを押す

4 年数を入力して[Enter]キーを押す

干支が表示された

他の年数でも試してみる

リストとタプルの違いや、それぞれの特徴はマスターできましたか？リストは柔軟で便利な型なので、さまざまなところで使われます。ここでしっかり覚えておきましょう。

Lesson 22

[関数、メソッド]

関数とメソッドの特徴と違いを学びましょう

このレッスンの
ポイント

ここまでにprint()関数、append()メソッドといった用語が出てきました。関数とメソッドはこのあとも繰り返し登場します。ここでは関数とメソッドの役割と違い、引数の指定方法といった使い方を中心に学びましょう。

→ 関数とは引数を受け取り、処理結果を戻り値として返すもの

関数とはプログラムのいくつかの処理をひとまとめにしたものです。

下記のプログラムではint()関数に'10'という文字列を指定しています。関数を実行した結果として整数型の10が得られるので、その値を変数に代入しています。この関数の丸カッコの中に指定する値（'10'）を引数（ひきすう）、関数の実行結果の値（10）を戻り値（または返り値）といいます。また、関数を

実行することを「呼び出す」、関数から結果をもらうことを「戻す」または「返す」と表現します。

int()関数は引数として数値の文字列を受け取り、戻り値として整数型に変換した値を返します。このように動作自体は変わりませんが、引数の値によって戻り値が変わるのが関数の便利なところです。

関数の作り方などについてはChapter 6で説明します。

▶ 関数の書き方

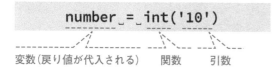

変数（戻り値が代入される）　　関数　　引数

戻り値　　引数

変数　　関数（　　）

```
number1_=_int('10')·······戻り値として10が返される
number2_=_int('2020')····戻り値として2020が返される
number3_=_int('-100')····戻り値として-100が返される
```

⊖ 値に対して処理を行うメソッド

メソッドは関数と似ていますが、ある値に対して処理を行うものです。「値.メソッド名()」という形式で書きます。
下記のプログラムではリスト型のデータが格納され

ているeto_listという変数に対して、append()メソッドを実行しています。appendメソッドはリストにデータを追加するメソッドなので、引数として追加するデータ（'卯'）を指定しています。

▶ メソッドの書き方

```
eto_list = ['子', '丑', '寅']
eto_list.append('卯')
```

値（ここではリスト型）が　ドット　メソッド　引数
代入された変数

> メソッドは、データ型に所属する関数という見方もできます。

⊖ データ型によって使えるメソッドが異なる

値のデータ型によって使用できるメソッドが異なります。
リスト型にはデータを追加、削除するメソッド、文字列型には文字列を変換するためのメソッドなどが存在します。

文字列に対してのreplace()メソッドは、文字列そのものを書き替えるのではなく、置換した文字列をメソッドの戻り値として返します。リストの append()、remove() メソッドはリストそのものを書き替えるため、戻り値はありません。

▶ メソッドの使用例

```
eto_list = ['子', '丑', '寅']
eto_list.append('卯') …… リストに値を追加するメソッド
eto_list.remove('丑') …… リストから値を削除するメソッド
print(eto_list) ………… ['子', '寅', '卯']が表示される


eto_str = '子丑寅卯辰巳午未申酉戌亥'
index = eto_str.find('辰') ……… 指定した文字列の場所（4）を返す
replaced = eto_str.replace('子', '猫')
                        ……… 指定した文字列（子）を（猫）に置換した文字列を返す
```

複数の引数を指定する

関数やメソッドの引数は必ずしも1つとは限りません。文字列のreplace()メソッドは、ある文字列を他の文字列に置換するため、2つの引数を指定する必要があります。複数の引数を指定するときは、,(カンマ)で区切って指定します。

関数、メソッドによって、引数の個数が0個のもの（引数を取らない）、1つのもの、2つのものなどさまざまです。引数が正しく指定されていないと、実行時にエラーが発生します。

▶ **さまざまな引数の例**

```
text = 'Hello World!'
text.lower() ·····················すべて小文字に変換した文字列を返すメソッド
text.find('Wo') ····· 引数が1つのメソッド
text.replace('World', 'Python') ·····引数が2つのメソッド
text.replace('World') ···············引数が足りないというエラーが発生する
```

 引数の個数によって振る舞いが変わることもある

関数やメソッドによっては、指定した引数の数によって動作が変わるものがあります。
下記のプログラムでは文字列を置換する replace() メソッドを使用しています。引数が2つの場合は、指定した文字列をすべて置換しますが、3番目の引数に数値を指定すると、指定した数だけ置換します。

▶ **引数の個数によって振る舞いが変わる例**

```
text = 'spam spam spam'
text.replace('spam', 'ham') ·········結果は'ham ham ham'（すべて置換）
text.replace('spam', 'ham', 1) ······結果は'ham spam spam'（1つだけ置換）
text.replace('spam', 'ham', 2) ······結果は'ham ham spam'（2つ置換）
```

 ワンポイント メソッドの一覧

リスト、タプル、文字列などにどんなメソッドがあるかは、公式ドキュメントの「組み込み型」を参照してください。特に文字列はかなりたくさんのメソッドがあるので驚くかもしれません。

https://docs.python.org/ja/3/library/stdtypes.html

➡ 0個以上を指定できる可変長引数

print()関数は0個以上の引数を受け取ることができます。その場合、引数で指定された値をスペース区切りで並べて出力します。0個以上というのは、引数なしも含め、自由に引数の数を変えられるという意味です。このように0個以上を指定可能な引数を、可変長引数といいます。

▶ 可変長引数の例

```
print() ························· 改行のみが表示される
print('干支は未です') ············ 「干支は未です」と表示される
print('干支は',␣'未',␣'です') ······ 「干支は␣未␣です」と表示される
```

➡ 引数名とセットで指定するキーワード引数

print()関数では、複数の文字列を出力するときの区切り文字を指定することが可能です。特に指定しない場合は半角スペース区切りで表示されますが、sep引数に文字列を指定することで任意の区切り文字を指定できます。このような「名前=値」の形式の引数をキーワード引数といいます。

▶ キーワード引数の例

```
print('干支は',␣'未',␣'です') ····················· 「干支は␣未␣です」と表示される
print('干支は',␣'未',␣'です',␣sep=',') ·········· 「干支は,未,です」と表示される
print('干支は',␣'未',␣'です',␣sep='---') ······· 「干支は---未---です」と表示される
```

> 引数の指定方法にはさまざまなパターンがあります。よく利用する関数、メソッドが受け取る引数から、徐々に使い方を覚えていきましょう。

Lesson 23

[f-string]

f-stringによる文字列の生成について学ぼう

このレッスンの
ポイント

このレッスンでは、変数の値を含む文字列を生成するf-string（フォーマット済み文字列リテラル）の使い方について学びましょう。f-stringをprint()関数と組み合わせて使えば、print()関数単体よりも整ったメッセージを出力できます。

→ 文字列の出力に便利なf-string

今までは、複数の値を一度に表示したい場合「print('あなたの干支は', eto_name, 'です。')」のように書いていました。しかし、print()で複数の文字列を表示しようとすると、文字列の間に半角スペースが入り込んでしまいます。そこで、変数を埋め込んだ文字列を生成するf-stringの登場です。f-stringは、fが付いた文字列の中に任意の値を差し込んで文字列を生成します。

▶ f-stringを使用した文字列の生成

```
age = 64
name = 'グイド'
```

```
text = f'名前は{name}です。年齢は{age}歳です。'
```

```
text = '名前はグイドです。年齢は64歳です。'
```

{}の中が変数の値に
置き換わります。

f-stringの使い方

f-stringを使うにはfではじまる文字列を定義します。例えば以下のプログラムでは、「f'名前は{name}です。年齢は{age}歳です。'」の部分がf-stringです。f-stringの中にある{ }波カッコには、指定された変数の値が展開されて入ります。この場合はname変数とage変数の値が展開されるため、実行結果は「名前はグイドです。年齢は64歳です。」となります。

また、{ }波カッコの中では計算や関数も実行できます。2番目の実行例では、{age + 1}と書くことでageに1を足した値が文字列に展開されます。

▶ f-stringを使ってメッセージを作成する

001	name␣=␣'グイド'
002	age␣=␣64
003	text␣=␣f'名前は{name}です。年齢は{age}歳です。'・・・・・ f-stringで文字列を生成する
004	print(text)・・・・・・・・・・ 実行結果は「名前はグイドです。年齢は64歳です。」となる
005	
006	text2␣=␣f'来年は{age␣+␣1}歳になります。'・・・・・・・・・・・f-stringの中で計算も可能
007	print(text2)・・・・・・・・ 実行結果は「来年は65歳になります。」となる

→ f-stringとprint()関数を組み合わせて使う

f-stringを使って文字列を作成してprint()で出力するプログラムは、まとめて書くことができます。

以下のように書くと、どの部分にどの値が入るのかがわかりやすくなります。

▶ f-stringを使ってメッセージを作成する

001	name␣=␣'グイド'
002	age␣=␣64
003	print(f'名前は{name}です。年齢は{age}歳です。') ・・・・・・・・・ f-stringで生成した文字列をprint()に渡して出力する

● 出力メッセージをf-stringで生成しよう

1 生まれ年から干支を計算する

`eto_multiple_data.py`

1つ前のレッスンで作成したプログラムの出力部分を、f-stringを使用した形式に書き替えます。eto_name の値を文字列に埋め込んでprint()関数で出力します❶。

```
001  year_str_=_input('あなたの生まれ年を西暦4桁で入力してください:_')
002  year_=_int(year_str)
003  number_of_eto_=_(year_+_8)_%_12
004  eto_tuple_=_('子',_'丑',_'寅',_'卯',_'辰',_'巳',_'午',_'未',_'申',_'酉',_
     '戌',_'亥')
005  eto_name_=_eto_tuple[number_of_eto]
006  print(f'あなたの干支は{eto_name}です。')  ——  1  f-stringで文字列を生成
```

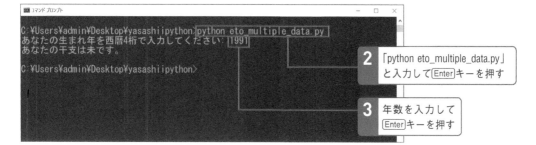

2 「python eto_multiple_data.py」と入力して Enter キーを押す

3 年数を入力して Enter キーを押す

f-stringを使うと、プログラムで生成する文字列の意味がわかりやすくなります。f-stringを使いこなせるようになりましょう。

Chapter

4

繰り返しと
条件分岐を
学ぼう

Chapter 3ではPythonプログラムの基礎を学びました。Chapter 4では、プログラムを書くにあたって重要な処理である「繰り返し」と「条件分岐」について学びましょう。

繰り返し処理について学びましょう

このレッスンの
ポイント

> コンピューターが得意なことの1つとして、同じことを繰り返す、という処理があります。Chapter 3では計算と出力を一度だけ実行するプログラムを書いてきました。このLessonでは、プログラムを作成しながら繰り返し処理について学びましょう。

➡ 処理の繰り返しはどういうときに使う？

例えば、レジ打ちの場面を想像してみましょう。レジを打つとき、「商品を手に取り、バーコードを読み取る」という動作を商品の数だけ繰り返します。こういった、複数のデータ（レジ打ち対象の商品）に対して同じ処理をすることを繰り返し処理といいます。繰り返し処理の例としては、「生徒全員のテストの合計点を求める」「顧客全員にメールを送る」などいろいろなものが考えられます。

▶ 繰り返し処理のイメージ

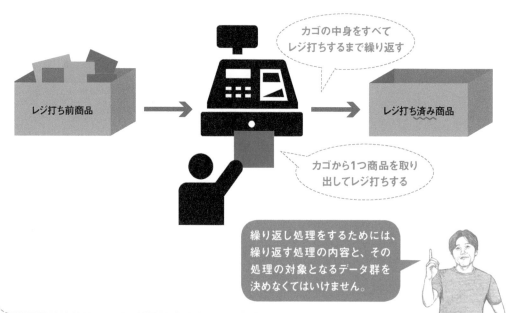

レジ打ち前商品

カゴの中身をすべて
レジ打ちするまで繰り返す

レジ打ち済み商品

カゴから1つ商品を取り
出してレジ打ちする

繰り返し処理をするためには、繰り返す処理の内容と、その処理の対象となるデータ群を決めなくてはいけません。

➔ 繰り返し処理をするfor文

Pythonにはfor文という、繰り返し処理をするための構文があります。for文では、「in」のうしろに「繰り返し処理の対象となるデータ群」を置きます。このデータ群というのは、リスト型やタプル型のデータ、文字列などを指します。データ群は、1つずつ順番にinの前の「変数」へ代入され、その後「変数を使って実行する処理」にかけられます。最後のデータが処理にかけられるまで、for文は繰り返し処理を続けます。

forキーワードはfor文のはじまりを表します。そのあとの「変数を使って実行する処理」までを含めてfor文です。

▶for文の書き方

forキーワード　変数　inキーワード　繰り返し処理したいデータ群

```
for_point_in_point_list:
____変数を使って実行する処理
```

➔ データが1つずつ順番に処理される

以下のプログラムを例に処理を追ってみましょう。point_list変数には75、88、100の3つの値を格納したリストを代入しておきます。for文が実行されると、まずpoint_listの0番目の「75」がpoint変数に代入されます。次に、「print('点数は', point, 'です。')」が実行されます。このプログラムは、point_listの最後のデータ「100」がpoint変数に代入されるまでfor文内のprint()の処理を繰り返します。

▶for文の使い方の例

```
point_list_=_[75,_88,_100]
for_point_in_point_list: ……………point_listのデータがpointに代入される
____print(f'点数は_{point}_です。')
print('繰り返し終了')
```

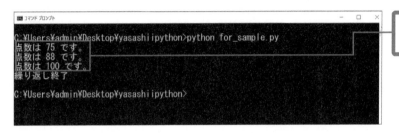

リストの数値が順番に表示される

→ インデントで処理の範囲が決まる

プログラムの行頭に、空白文字を挿入して字下げすることをインデントといいます。Pythonでは、インデントによって処理の範囲を定義するルールとなっています。インデントされた行の範囲を「ブロック」といいます。空白文字には必ず半角スペースを使用

してください。全角スペースはプログラムのエラーを引き起こしてしまいます。また、スペースの個数はPEP8（Pythonで可読性の高いプログラムを書くための規約）では、半角スペース4個が推奨されています。

▶ for文の動きとインデントの役割

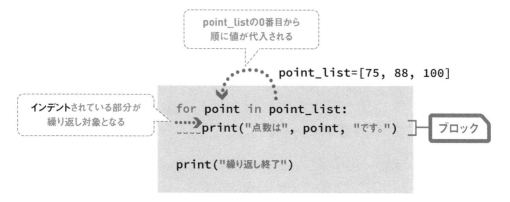

point_listの0番目から
順に値が代入される

```
point_list=[75, 88, 100]

for point in point_list:
    print("点数は", point, "です。")

print("繰り返し終了")
```

インデントされている部分が
繰り返し対象となる

ブロック

👍 ワンポイント エディターですばやくインデントを入力する

Atomなどのエディターでインデントを入力する場合は、スペースを4つ入力するよりも Tab キーを1回押す方法が一般的によく使われています。1インデント分の字下げが1回の操作で済

むので、プログラムを書くときの手間が省けます。エディターの種類によっては別途設定が必要な場合があります。

平均体重を出力するプログラムを作成する

1 データを用意する `weight_average.py`

まずは、「weight_average.py」というファイルを作成します。ファイルを作成し、体重のデータを用意しましょう。データの集合はリスト（Lesson 19を参照）で表現できます。では、複数の体重をリストでまとめてみましょう。リストでデータをまとめるときは、[ ] 角カッコの中にカンマ区切りでデータを入力します。リストにしたデータ群は、weight_listという変数へ代入しておきます❶。

```
001  weight_list_=_[50,_60,_73]──────────────────── 1  リストを作成
```

2 for文で体重の合計を計算する

体重が格納されたリストを繰り返し処理にかけましょう。今回繰り返したい処理は、「体重を足す」です。体重のリストをfor文で繰り返し処理して、total変数へ追加していきます。

その前に合計体重を格納する変数を用意しましょう。Pythonでは何かを代入しないと変数を作成できないので、「0」を代入して初期化します。初期化とは、変数に初期の値を代入しておくことです。今回の場合は、プログラムで書くと「total = 0」となります❶。初期化したら、for文で体重を足していきます。

total変数に、total（合計）とweight（体重）を足したものを代入していくので、「total = total + weight」となります❷。最初の繰り返しでは「total = 0 + 50」、2回目の処理は「total = 50 + 60」という計算になります。繰り返し処理の終了後、total変数には3つの体重を合計した値が入ることになります。

```
001  weight_list_=_[50,_60,_73]
002  total_=_0 ──────────────────────────── 1  合計体重を計算するために0を代入して初期化
003  for_weight_in_weight_list:
004  ____total_=_total_+_weight ─────────── 2  体重を足していく
```

Point 加算代入演算子の「+=」を使ってもいい

ある変数の値に加算した結果を代入したいときは、加算代入演算子の+=を使うとよりスマートな書き方となります。例えば、「total += weight」は「total = total + weight」と同じ意味です。この書き方は慣れないと意味がわかりづらいかもしれないので、最初は「total = total + weight」と書いてもかまいません。

3 平均体重を算出する

平均体重は体重の合計を全体の個数で割った結果です。全体の個数は、リストのデータの数で表せます。Pythonではlen()関数を利用することでリストの長さ（データの数）を取得できます❶。全体の個数を取得したら、体重の合計を個数で割り、平均体重を計算します❷。最後に、print()で結果を出力して完成です。

```python
001  weight_list_=_[50,_60,_73]
002  total_=_0
003  for_weight_in_weight_list:
004  ____total_=_total_+_weight
005  number_of_weights_=_len(weight_list)
006  average_=_total_/_number_of_weights
007  print(f'平均体重は{average}kgです。')
```

1 リストの長さを取得

2 合計体重を全体の個数で割って平均体重を計算

Point　len()関数で値の長さを調べられる

len()関数（lenはlengthの略）を使うと、リストに入っている値の個数や文字列の長さを数値型で返してくれます。上記のプログラムの例で解説すると、weight_listには3つの値が入っているので、len(weight_list)の実行結果は3となります。

4 プログラムを実行し、画面に結果を出力する

コマンドプロンプトに「python weight_average.py」と入力して実行しましょう❶。平均体重が表示されれば成功です。リストの値を変更して結果が変わることを確認してください。

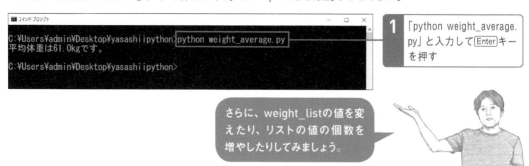

```
■ コマンド プロンプト                                                    －  □  ×

C:¥Users¥admin¥Desktop¥yasashiipython>python weight_average.py
平均体重は61.0kgです。

C:¥Users¥admin¥Desktop¥yasashiipython>
```

1 「python weight_average.py」と入力して Enter キーを押す

さらに、weight_listの値を変えたり、リストの値の個数を増やしたりしてみましょう。

ワンポイント for文で使える便利な関数

for文と組み合わせてよく使う関数として range()関数があります。range()関数は指定した範囲の連続した数値を返します。引数が1つ の場合は、0から指定した数値の1つ手前までを返し、2つの場合は開始から終了の1つ手前までを返します。

▶ range()関数の書き方

range(10)

終了

range(1,_100)

開始　　終了

▶ range()関数の例

```
for_number_in_range(10): ···········0, 1, 2, ...9を返す
____print(number)
```

```
for_number_in_range(1,_100): ······1, 2, ...99を返す
____print(number)
```

enumerate()関数は、リストなどのインデックス（順番）と要素を同時に得られます。例えば、リストの要素に連番を振ったり、ある特定の番号のときだけ特別な処理をしたいときに便利です。

以下のプログラムのようにenumerate()を使うと、1番目に書いたindex変数にインデックスの数値が代入され、colorにはリストの各要素が代入されます。インデックスは0からはじまります。

▶ enumerate()関数の例

```
for_index,_color_in_enumerate(['red',_'blue',_'green']):
____print(f'No.{index}_is_{color}')
```

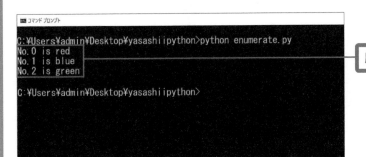

順番と値を表示

25

[if文]
条件によって処理を変えてみましょう

このレッスンのポイント

これからプログラムを作っていくにあたって、条件によって処理を変えたい場面がたくさん出てきます。このLessonでは、繰り返し処理に続き、プログラムを作るときに重要な役割をする「条件分岐」とif文について学びましょう。

→ 条件分岐とは

条件によって処理を変えることを条件分岐といいます。例えば、冷蔵庫を買うときの流れについて考えてみましょう。購入予算が30万円の場合、一番ほしい冷蔵庫Aが35万円、次の候補の冷蔵庫Bが29万円だとすると、あなたは冷蔵庫Bを購入しますよね。この場合は「予算が30万円」が条件で、条件を評価した結果によって購入する冷蔵庫が変わるのが条件分岐です。

▶ **購入する冷蔵庫を選択する**

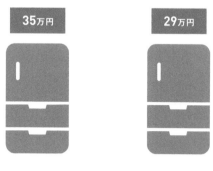

35万円

29万円

35万円の冷蔵庫は予算より高いので買わない。
29万円の冷蔵庫は予算以内なので買える。

条件によって、そのあとの処理が変わる

＝

条件分岐

→ if文を使って条件で処理を分岐させる

Pythonで条件分岐を表現する場合は、if文を使います。ifのうしろに半角スペースを1つ置いて条件となる式を書きます。for文と同じく、インデントされている行が分岐後の処理となります。

複数の条件で分岐させたいときは、elifまたはelseを使います。条件を付け加えたいときはelifを使います。elseは、ifやelifで付けた条件のどれにも当てはまらないときに処理されます。また、式は上から順番に処理され、どれか1つの条件に当てはまったらその時点でブロック内の処理が実行され、以降の条件は実行されません。

▶ if文の構文

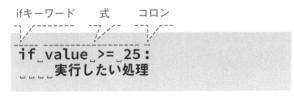

```
if value >= 25:
    実行したい処理
```

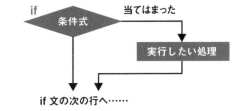

▶ if文、elif文、else文の組み合わせ

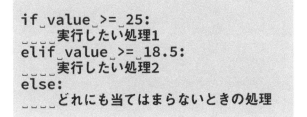

```
if value >= 25:
    実行したい処理1
elif value >= 18.5:
    実行したい処理2
else:
    どれにも当てはまらないときの処理
```

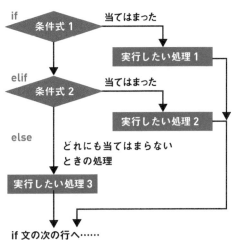

途中のelif文を追加すれば、いくらでも分岐を増やせます。

式と比較演算子の書き方

条件となる式には、算数で扱う不等式と似たものが使用できます。

例えば、「value >= 25」は「value変数の値は25以上か?」という条件になります。このような値を比較するための記号のことを、「比較演算子」といいます。数値以外の比較も可能です。例えば、「your_name == 'Takanori Suzuki'」は「your_name変数の値は'Takanori Suzuki'と一致しているか?」という条件になります。ここで注意したいのは、「等しい」を表す比較演算子は「=」ではなく「==」だということです。以下の文字列との比較の例は、もしyour_name変数に'Takanori Suzuki'が代入されていた場合、「あなたは、この書籍の製作者メンバーです。」と表示されます。

▶ 数値との比較

```
if_value_>=_25:······························ valueが25以上か?
____print('値が25以上です')
```

▶ 文字列との比較

```
if_your_name_==_'Takanori_Suzuki':·······your_nameがTakanori_Suzukiか?
____print('あなたはこの書籍の製作者メンバーです')
```

▶ 比較演算子の一覧

演算子	意味
>	より大きい
<	より小さい
>=	以上
<=	以下
==	等しい
!=	等しくない

等しいを表す比較演算子「==」と、代入を行う「=」はよく間違えるので気を付けましょう。

複数条件に当てはまる式の書き方

複数の条件を組み合わせた式を作ることもできます。2つ以上の条件に当てはまる条件式を作りたいときは、式をandでつなげて書きます。and条件の例のif文は、valueが25以上かつyour_nameが 'Takanori Suzuki'の場合に実行されます。複数条件のうち、いずれかの条件に当てはまればいい場合はorでつなげて書きます。

▶ and条件の例

```
if_value_>=_25_and_your_name_==_'Takanori_Suzuki':
____print('あなたは値が25以上の鈴木さんです')
```

▶ or条件の例

```
if_your_name_==_'Takanori_Suzuki'_or_your_name_==_'Takayuki_
Shimizukawa':
____print('あなたはこの本の製作者メンバーです')
```

▶ and条件とor条件のパターン

and条件は「○○かつ××」、or条件は「○○または××」と覚えましょう。

点数を見て成績を自動的に評価する

ここからはBMIの値を見て、「肥満」「標準体重」「痩せ型」を判定するプログラムを作ります。その判定　部分を抜き出して、簡単にしたものが以下のプログラムです。

▶ 点数を評価する

```
bmi = 22
if bmi >= 25: ·············· ❶bmiが25以上かを評価する式
    result = '肥満' ········ ❷bmiが25以上だった場合に実行される
elif bmi >= 18.5: ······· ❸bmiが25未満、18.5以上かを評価する式
    result = '標準体重'
else: ······················ ❹bmiが18.5未満の場合
    result = '痩せ型'
print(f'BMIは{bmi}、判定結果は{result}です。')
```

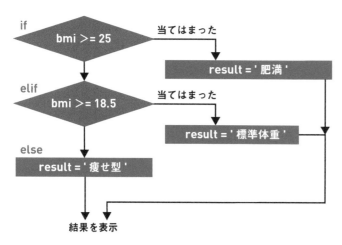

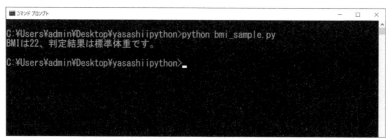

● BMIを計算して肥満度を出力するプログラムを作成しよう

1 | 身長、体重データの準備 `bmi.py`

まずは、bmi.pyというファイルを作成します。作成できたら、身長と体重のデータを用意しましょう。前のLessonとは少し違うやり方にして、今度は体重を標準入力で受け取れるようにしてみましょう。標準入力はinput()で取得できましたね。今回は、カンマ区切りで体重を複数入力できるようにします❶。

カンマ区切りで入力した文字列は、split()を使うと分割してリストに格納できます❷。そしてfor文を使って体重をそれぞれ文字列から数値に変換してリストに格納します❸。同様に、身長を1件入力して数値に変換します❹。

```
001  weights_str_=_input('体重(kg)をカンマ区切りで入力してください:_')
002  weight_str_list_=_weights_str.split(',')
003
004  weight_list_=_[]
005  for_weight_str_in_weight_str_list:
006  ____weight_=_int(weight_str)
007  ____weight_list.append(weight)
008
009  height_str_=_input('身長(cm)を入力してください:_')
010  height_=_int(height_str)
```

1 体重をカンマ区切りで入力

2 カンマ区切りで体重データをリストに格納

3 各体重を数値にする

4 身長を入力

> **Chapter 4** 繰り返しと条件分岐を学ぼう

Point split()で文字列を分割する

例えば「50,60,73」と入力した場合、weights_strには'50,60,73'という文字列が入ってきます。これを、split()を利用してリストに変換します。

splitの丸カッコ内に区切りたい文字 (今回はカンマ) を指定することで、文字列を分割してリストに格納してくれます。

文字列　'50,60,73' ••••▶ split(',') ••••▶ リスト '50' '60' '73'

2 条件を作成する

次にBMIを計算して、計算結果を評価するための条件を書いていきましょう。BMIは「体重(kg)÷身長(m)の2乗」なので、そのように計算します①。次に求めたBMIの値を評価します。25以上は肥満、18.5以上は標準体重、18.5未満は痩せ型なので、そのように判定されるようif文で評価し、結果をresult変数に代入します。肥満と標準体重の条件に当てはまらない場合は痩せ型となるので、elseを使って評価します②。あとは結果をprint()で出力すれば完成です③。コマンドプロンプトに「python bmi.py」と入力して実行します④。

```
006 ____weight_=_int(weight_str)
007 ____weight_list.append(weight)
008
009 height_str_=_input('身長(cm)を入力してください:_')
010 height_=_int(height_str)
011
012 for_weight_in_weight_list:
013 ____bmi_=_weight_/_(height_/_100)_**_2          [1] BMIを計算
014 ____if_bmi_>=_25:                               [2] if、elif、elseで判定
015 _____result_=_'肥満'
016 ____elif_bmi_>=_18.5:
017 _____result_=_'標準体重'
018 ____else:
019 _____result_=_'痩せ型'
020 ____print(f'身長{height}cm、体重{weight}kgのBMIは{bmi}')   [3] 結果を表示
021 ____print(f'判定結果は{result}です。')
```

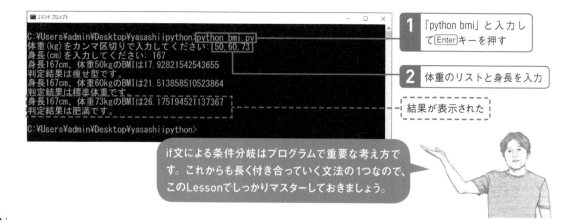

[1] 「python bmi」と入力してEnterキーを押す

[2] 体重のリストと身長を入力

結果が表示された

if文による条件分岐はプログラムで重要な考え方です。これからも長く付き合っていく文法の1つなので、このLessonでしっかりマスターしておきましょう。

Chapter

5

辞書と
ファイルの
扱いを学ぼう

次は、Pythonの重要なデータ型の1つである辞書と、プログラミングをする上で重要となってくるファイル入出力について学びましょう。

26

辞書を利用した複数データ処理を
してみましょう

このレッスンの
ポイント

英和辞書で英語から日本語の意味を引けるように、任意の値をキーとして、対応する値を取り出す「辞書」データを作る機能が存在します。このLessonではPythonの辞書型（dict型）データの基本的な使い方について学んでいきましょう。

→ Pythonの「辞書」とは

辞書とは、一般的にいうと言葉や物事の意味がたくさん書かれた書物です。ある言葉には意味の説明が必ず紐付いています。同じようにPythonには、キーと値を紐付けるための「辞書型（dict型）」というデータ型が存在します。

もととなる言葉をキー、紐付く説明部分をバリュー（値）といいます。国語辞典に当てはめると、keyは検索される単語、valueは検索された単語の意味、といったところです。複数のデータを辞書へ入れる場合、カンマ区切りでデータを増やしていきます。

▶ 辞書のキーとバリュー

辞書 とは

多くの言葉や文字を一定の基準によって配列し、その表記法・発音・語源・意味・用法などを記した書物。国語辞書・漢和辞……

キー　　　バリュー
{ key : value }

→ 辞書を定義する

リストやタプルのようにデータ群をまとめるためにカッコで囲みますが、辞書では{}波カッコを使います。カッコの中に、辞書のデータを入れていきます。書き方は少し変わっていて、キーとバリューを:コロンの左右に配置します。

▶ 辞書の書き方

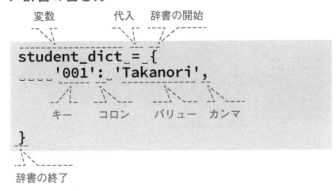

キーとバリューには数値型でも文字列型でも入れることができます。

▶ 辞書の定義例

```
student_dict_=_{
____'001':_'Takanori', ················ キーとバリューを定義する
____'002':_'Takayuki',
____'003':_'Mitsuki',
}
```

→ 辞書からデータを取得する

辞書からデータを取得したいときは、辞書が入った変数のうしろに[ ]角カッコで囲んだキーを入れるだけです。リストやタプルでデータを取得する場合と似ています。

▶ データの取得

```
student_name_=_student_dict['001'] ········ キーが'001'のバリュー'Takanori'を取得
print(f'生徒の名前は{student_name}です。')
```

➡ 辞書にデータを追加する

すでに作成された辞書へデータを追加したいときは、辞書が入った変数のうしろに [ ] 角カッコで括ったキーを定義し、そこにバリューを代入するとデータが追加できます。ここで注意点ですが、同じキーに対して別のバリューを追加した場合、前に登録されていたバリューが上書きされます。上書きを避けたい場合は、キーにはユニークな値（重複しない値）を使うようにします。例えば、クラスの生徒のデータを記録する場合は、重複しないように割り振られている学籍番号をキーにします。辞書のこの特性を理解しないと、予期しない値が辞書に入ってしまうので、しっかり覚えましょう。

▶ データの追加

```
student_dict['004'] = 'Haruo'  ···················新しいキーに対して代入
new_student_name = student_dict['004']
print(f'新しく追加された生徒は{new_student_name}です。')
```

▶ データの上書き

```
student_dict['001'] = 'Hiroyuki'  ···············既存のキーに対して代入
overwritten_name = student_dict['001']
print(f'上書きされたあとの名前は{overwritten_name}です。')
```

➡ 辞書の繰り返し処理と長さの取得

辞書の全データを繰り返し処理するには、リストやタプルと同様にLesson 24で解説したfor文を使用します。for文に辞書型のデータを渡すと、キーが1つずつ取り出せます。
また、len()関数を使用すると辞書の要素数が取得できます。

▶ 辞書データとfor文、len()関数

```
for key in student_dict:  ····················· キーが順番に代入される
    value = student_dict[key]·················· バリューを取り出す
    print(f'番号{key}の名前は{value}です。')
number = len(student_dict)···················辞書の要素数を取得する
print(f'生徒数は{number}人です。')
```

● 生徒の評価を表示するプログラムを作成する

1 生徒と点数の入った辞書データを用意する `05_dict.py`

まずは、「05_dict.py」というファイルを作成します。作成できたら、生徒と点数のデータを用意しましょう。生徒と点数は一対一の関係なので、辞書を利用してデータをまとめましょう。今回は重複しない

ように生徒の学籍番号をキーにし、点数群をバリューとします。点数は一度採点されたら変更されないと仮定して、不変のデータをまとめるタプルを利用しましょう❶。

```
001  point_dict_=_{
002  ____'001':_(100,_88,_81),
003  ____'002':_(77,_94,_85),
004  ____'003':_(80,_52,_99),
005  }
```

> **1** 学籍番号と点数群を辞書に登録

Point 辞書のキーとバリューに使える型

バリューは、数値型や文字列型はもちろん、リスト型やタプル型、辞書型など何でも登録できます。しかし、キーは不変な値しか指定できません。例えば、数値やタプルなどは指定できますが、リストや辞書は辞書のキーに指定できません。

👍 ワンポイント 便利な多重代入

Pythonでは、複数の値をまとめて代入できる多重代入と呼ばれる機能があります。多重代入ではイコールの左辺にカンマで区切った変数名を書き、右側にタプルやリストを書きます。これでタプルやリスト内のデータが取り出され、各変数に代入されます。多重代入を使うことで、一行で簡潔なプログラムを書くことができます。また、代入する側の変数にどのような値が入っているのかが、プログラムを見たときにわかりやすいのも利点の1つです。

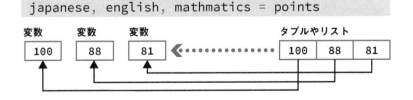

```
japanese, english, mathmatics = points
```

変数 `100` 変数 `88` 変数 `81` ◀········· タプルやリスト `100` `88` `81`

2 | 辞書の中身を繰り返し処理にかける

辞書をfor文で繰り返し処理にかけてデータを取り出しましょう。リストと同じく、inのうしろに辞書の変数を置くだけです❶。ただし、リストと違ってキーだけが繰り返し変数（今回はstudent_id）へ代入されます。キーの学籍番号を利用して辞書からバリューの点数を取得します❷。また、評価基準の計算のために教科数を知りたいので、len()関数を利用して教科数を取得しておきましょう。タプル型に対してもlen()関数を使えます❸。

pointsの中にはタプル型の点数が入っています。これを、それぞれの教科を表す変数に代入しましょう。多重代入をすることで値をまとめて代入できます。代入する側の要素数に合わせて、代入される側の変数名を用意し、イコールで代入します。変数の定義順とタプルやリストのデータの順番が対になるように代入されます❹。教科の変数へ代入したら、合計点数を算出しておきましょう❺。

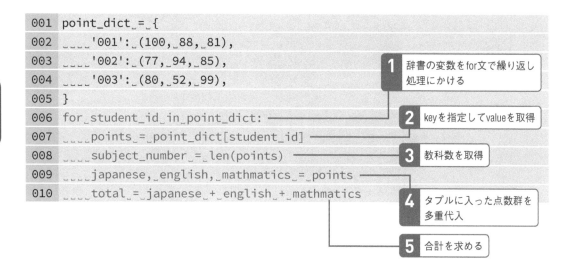

```
001  point_dict = {
002      '001': (100, 88, 81),
003      '002': (77, 94, 85),
004      '003': (80, 52, 99),
005  }
006  for student_id in point_dict:
007      points = point_dict[student_id]
008      subject_number = len(points)
009      japanese, english, mathmatics = points
010      total = japanese + english + mathmatics
```

1 辞書の変数をfor文で繰り返し処理にかける

2 keyを指定してvalueを取得

3 教科数を取得

4 タプルに入った点数群を多重代入

5 合計を求める

len()関数は、タプルやリストに格納されているデータ数や、文字列の長さなどを調べることができます。

3 条件分岐で生徒の点数を評価する

次に、合計点数を評価する部分を作成しましょう。生徒ごとに評価をしなければいけないので、評価する部分も繰り返し処理の一部に入ります。やり方は簡単です。for文の中にif文を入れるだけです❶。半角スペース4つを忘れずに入れましょう。
評価に使用する基準は、教科の最大合計点数から8割以上がExcellent!、8割未満6.5割以上がGood、

それ以外の低い点数はBadとしてみましょう。評価基準の数値は変数へ代入しておきます❷。あとは、if文に評価式を入れて処理を書いていくだけですね。最後に、評価を出力するプログラムを入れて完成です。おまけで平均点も出力してみるのもいいですね。「python 05_dict.py」と入力してプログラムを実行し、動作を確認してみましょう❸。

```python
001  point_dict_=_{
002  ____'001':_(100,_88,_81),
003  ____'002':_(77,_94,_85),
004  ____'003':_(80,_52,_99),
005  }
006  for_student_id_in_point_dict:
007  ____points_=_point_dict[student_id]
008  ____subject_number_=_len(points)
009  ____japanese,_english,_mathmatics_=_points
010  ____total_=_japanese_+_english_+_mathmatics
011
012  ____excellent_=_subject_number_*_100_*_0.8
013  ____good_=_subject_number_*_100_*_0.65
014
015  ____if_total_>=_excellent:
016  _____evaluation_=_'Excellent!'
017  ____elif_total_>=_good:
018  _____evaluation_=_'Good'
019  ____else:
020  _____evaluation_=_'Bad'
021  ____print(f'学籍番号{student_id}: 合計点は{total}、評価は{evaluation}です。')
```

2 評価基準を変数に代入

1 条件分岐する部分を繰り返し処理の中で使う

3 「python3 05_dict.py」と入力して Enter キーを押す

［ファイル入力］
プログラムにファイルの読み込みをさせてみましょう

**このレッスンの
ポイント**

今までは、1つのプログラムの中にデータと処理を書いていました。次は、データと処理を別々のファイルに分け、処理が書かれたプログラムからデータが書かれたファイルを読み込んでみましょう。ファイルの読み込みは「開く」「読む」「閉じる」の3ステップで実行します。

➡ データを別ファイルに分割する

ファイルとは、コンピューター上にある文書や動画、これまで私たちがPythonのプログラムを書いてきたテキストファイルなど、何らかの情報が1つに集まったもののことを指します。

今までは、1つのファイルの中の情報を使ってプログラムを動かしていましたが、規模の大きなシステムになると複数のファイル間でデータをやりとりす

る必要も出てきます。

このLessonでは、今までPythonのプログラムを記述したファイルに書き込んでいたデータや、標準入力から取得していたデータと同じように、データを別のファイルから読み込んで処理する方法を学んでいきます。

▶ ファイルの種類はたくさんある

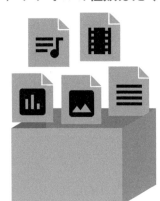

文章、動画、音楽、画像……
これらはすべて「ファイル」

open()関数でファイルを開く

プログラムからファイル内のデータを読み込むには、ファイルを開く必要があります。Pythonではopen()関数でファイルを開きます。関数の戻り値を変数に代入しておき、そのメソッドでファイルを操作します。

▶ open()関数

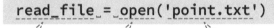
```
read_file_=_open('point.txt')
```

変数　　　　open関数　　　読み込むファイル名

open関数の戻り値には、ファイルを操作するために必要なものがまとめられています。

メソッドでファイルを操作する

ファイルを開いて中身を読み込む準備ができました。ファイル内のデータを読み込むには、read()メソッドを使用します。

ファイルを使い終わったら、プログラムから開いたファイルを閉じる必要があります。ファイルをopen()したら必ずclose()をしてください。コンピューターがファイルを同時に開くことができる数には上限があり、ファイルを閉じないと、あるとき急にファイルが開けなくなったりします。

▶ ファイルの中身を読み込むread()メソッド

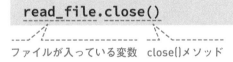
```
data_=_read_file.read()
```

読み込んだデータを　ファイルが　read()メソッド
入れる変数　入っている変数

▶ ファイルを閉じるclose()メソッド

```
read_file.close()
```

ファイルが入っている変数　close()メソッド

最後にファイルを閉じるのはつい忘れがちです。with文を使って自動的に閉じることをおすすめします（125ページ参照）。

● ファイルを読み込むプログラムを作成する

1 　データを書き込んだファイルを作成する `point.txt`

まずは、プログラムから読み込む対象となるファイルを作成します。ファイルの中身は、生徒の氏名と3教科のテストの点数です。「point.txt」というファイル名を付け、氏名とテストの点数をカンマ区切りで入力します。データを入力したら、ファイルを保存しましょう。

```
001  Takanori_Suzuki,100,88,81
002  Takayuki_Shimizukawa,77,94,85
003  Mitsuki_Sugiya,80,52,99
```

データのファイルとプログラムのファイルは必ず同じフォルダーに保存してください。

2 　ファイルを読み込む `file_read.py`

次にプログラムを作成し、point.txtを読み込んでデータを取り出します。「file_read.py」というファイルを作成してください。
ファイル名を指定してopen()関数でファイルを開き、ファイル情報をopen_file変数へ代入するプログラムを書きます❶。read()メソッドでファイル情報から中身のデータを取得し、data変数へ代入します❷。データを取得したら、開いたファイルを閉じておきます❸。最後にprint()関数で取得したデータを表示します❹。

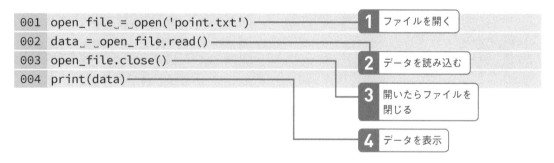

```
001  open_file_=_open('point.txt')
002  data_=_open_file.read()
003  open_file.close()
004  print(data)
```

1 ファイルを開く
2 データを読み込む
3 開いたらファイルを閉じる
4 データを表示

3 プログラムを実行する

コマンドプロンプトで「python file_read.py」と入力
してプログラムを実行します❶。point.txtのファイ

ルの中身が読み込まれて、正常に出力されることを
確認しましょう。

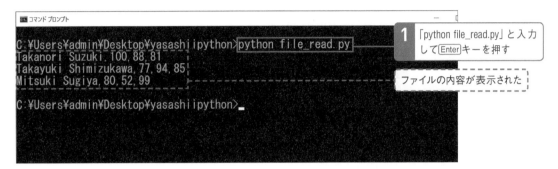

1	「python file_read.py」と入力して[Enter]キーを押す

ファイルの内容が表示された

4 ファイルが存在しない場合

file_read.pyとpoint.txtは同じフォルダーに配置し、
そのフォルダーをカレントフォルダー（P.46参
照）にしてから実行する必要があります。
もしもpoint.txtがカレントフォルダーに存在しな

い状態で「python file_read.py」を実行すると、ファ
イルが見つからないことを示すFileNotFoundErrorと
いうエラーが発生します。

```
C:\Users\admin\Desktop\yasashiipython>python file_read.py
Traceback (most recent call last):
  File "file_read.py", line 1, in <module>
    open_file = open('point.txt')
FileNotFoundError: [Errno 2] No such file or directory: 'point.txt'

C:\Users\admin\Desktop\yasashiipython>
```

ファイルが見つからないとFileNotFoundError
が発生する

ファイルを開く→読み込む
→閉じるという手順はわか
りましたか？

28

［ファイル出力］
プログラムからファイルに書き込んでみましょう

このレッスンの
ポイント

1つ前のLessonでプログラムからファイルの中身を読み込むことができるようになりました。次はプログラムの実行結果をファイルに書き込んでみましょう。ファイルの書き込みでは、ファイルの開き方と使用するメソッドが変わります。

➡ ファイルを開くときのモード

ファイルを読み込むときにopen()関数を利用しました。ファイルにデータを書き込むときも同様にファイルを開けばいいのでしょうか？　答えはNoです。Lesson 27ではファイルを読み込み用に開いており、ファイルに対して書き込みをするときには、書き込み用であることを指示する必要があります。

この「何用にファイルを開くか」ということをモードと呼びます。読み込み用にファイルを開くことを「読み込みモード」、書き込み用は「書き込みモード」といいます。

▶ファイルを開く目的に応じてモードを使い分ける

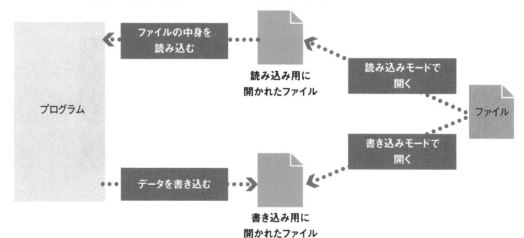

→ ファイルを書き込みモードで開く

ファイルを書き込みモードで開くためには、open()関数の2番目の引数にモードを表す文字列を指定します。'w'（writeの頭文字）を指定するとファイルを書き込みモードで開きます。

これでファイルを開いてデータを書き込む準備ができました。開いたファイルに対してデータを書き込むには、write()メソッドを使用します。
ファイルを閉じるときは同様にclose()メソッドです。

▶ open()関数

```
write_file _ = _open('output.txt', _'w')
```

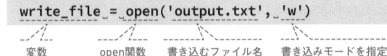

変数　　　　　open関数　　書き込むファイル名　　書き込みモードを指定

▶ ファイルにデータを書き込むwrite()メソッド

書き込みたい文字列が入った変数

```
write_file.write(text)
```

ファイルが入っている変数　write()メソッド

→ 書き込みモードは上書き保存

ファイルの書き込みモードには2つの特徴があります。1つはファイルが存在しない場合はファイルを新規作成すること、もう1つは常に上書き保存するということです。
プログラムで open('output.txt', 'w') と実行したときに、open()関数はファイルが存在しなければ新規

に output.txt というファイルを作成して、書き込みモードで開きます。
output.txtがすでに存在する状態で、open('output.txt', 'w') と実行すると open() 関数はファイルの中身をすべて削除してしまいます。

> ファイルのモードについてはわかりましたか？
> 大事なファイルの中身を書き込みモードで消してしまわないように注意してください。

● ファイルに書き込むプログラムを作成する

1 ファイルにデータを書き込む `file_write.py`

「file_write.py」というファイルを作成し、ファイルに
データを書き込むプログラムを作成します。
ファイル名を指定してopen()でファイルを開きます。

モードとして 'w'（書き込みモード）を指定します❶。
write()メソッドでファイルにデータを書き込みます
❷。最後にファイルを閉じます❸。

```
001  write_file_=_open('output.txt',_'w')
002  write_file.write('Hello_World!')
003  write_file.close()
```

1 書き込みモードで開く

2 データを書き込む

3 ファイルを閉じる

2 プログラムを実行する

コマンドプロンプトで「python file_write.py」と入力
してプログラムを実行します❶。
コマンドプロンプトで「type ファイル名」と実行して

ファイルの中身を表示します（macOSでは「cat ファ
イル名」）❷。プログラムを実行したあとにファイル
が新規作成されていることを確認します。

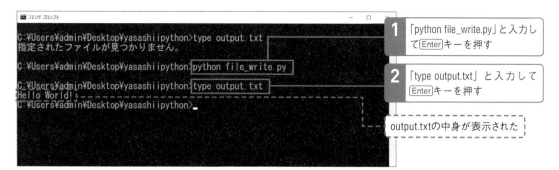

1 「python file_write.py」と入力し
て Enter キーを押す

2 「type output.txt」と入力して
Enter キーを押す

output.txtの中身が表示された

3 ファイルが上書きされることを確認する

ファイルが上書きされることを確認するため、「file_write.py」の2行目の文字列をWorldからPythonに書き替えます❶。

コマンドプロンプトで「python file_write.py」を実行し、ファイルの中身が書き替えられていることを確認します❷❸。

```
001  write_file_=_open('output.txt',_'w')
002  write_file.write('Hello_Python!')
003  write_file.close()
```

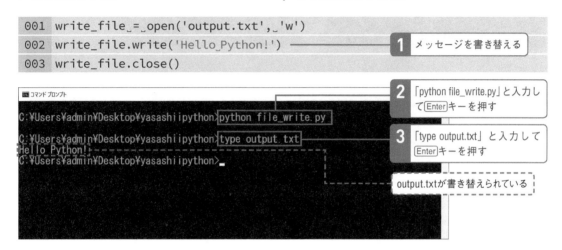

1 メッセージを書き替える

2 「python file_write.py」と入力して[Enter]キーを押す

3 「type output.txt」と入力して[Enter]キーを押す

output.txtが書き替えられている

4 複数のデータを書き込む

書き込みモードで開いたファイルに対して、write()メソッドでデータを書き込めることは理解できたと思います。プログラムでは大量のデータをファイルに書き込みたい場合があります。そのような場合はどうすればいいのでしょうか?

write()メソッドは複数回実行できるので、以下のように何度かメソッドを呼び出して、複数のデータを書き込みます❶。

コマンドプロンプトで「python file_write.py」を実行して、ファイルの中身を見てみると、1行の「Hello World!Hello Python!」という文字列がファイルに書き込まれています❷❸。

```
001  write_file_=_open('output.txt',_'w')
002  write_file.write('Hello_World!')
003  write_file.write('Hello_Python!')
004  write_file.close()
```

1 メッセージを書き込む

NEXT PAGE ➜ 123

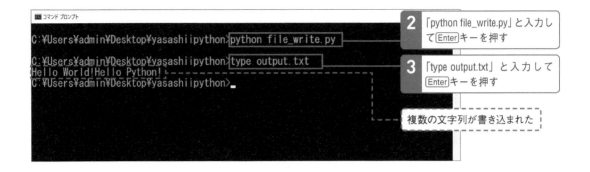

5 複数行のデータを書き込む

print()関数とは異なり、write()メソッドでファイル
に書き込んだ場合には、文字列は自動では改行さ
れません。複数行の文字列をファイルに書き込む
ためには改行コードを書き込む必要があります。
改行コードは文字列として表現しにくいため、
Pythonでは¥n（macOSでは\n）と書くことで改行文
字を表します。「\」を入力するには、Windowsでは¥
キーを押します。macOSでは option + ¥ キーを押し
ます。
文字列の末尾に改行文字を追加し❶、コマンドプ
ロンプトで「python file_write.py」を実行し、メッセ
ージが改行されていることを確認します❷❸。

```
001  write_file_=_open('output.txt',_'w')
002  write_file.write('Hello_World!\n')
003  write_file.write('Hello_Python!\n')
004  write_file.close()
```

1 改行文字を追加

Point 文字列中のバックスラッシュの働き

バックスラッシュ（\）は特殊な文字列を表す
ために使用されます。例えばシングルクォー
テーションを含んだ文字列は、'I\'m
Takanori' のように書きます（ただしダブルク
ォーテーションを組み合わせて "I'm
Takanori" と書いたほうがわかりやすいでし
ょう）。
他にタブを表す \t などもあります。文字列
にバックスラッシュを含めたい場合は \\ とバ
ックスラッシュを2つ書きます。

```
print('\\')············ \と出力される
```

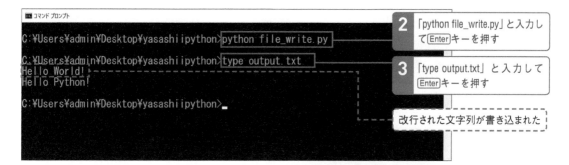

プログラムの実行結果を
ファイルに出力できるよう
になりました!

👍 ワンポイント ファイルの.close()が面倒なあなたへ

下記のプログラムのように、ファイルを開いたあとで close() メソッドで閉じるのは面倒だと思います。

しかし、OSによってファイルを開ける数には上限があるので、適切に close() メソッドでファイルを閉じるのは大切なことです。

```
open_file_=_open('point.txt')
data_=_open_file.read()
open_file.close()
```

with文を使えばファイルを使い終わったところで自動的に閉じることができます。with文でファイルを開いた場合、open()関数の戻り値はasのうしろに書いた変数に代入されます。そのあとのインデントされている範囲内ではファイルが開かれているので、そこで読み込みなどの処

理を行います。インデントをやめたところで自動的にファイルが閉じられます。以下のプログラムでは、1行目でファイルを開き、2行目で使用して、3行目でファイルが自動的に閉じられます。

```
with_open('point.txt')_as_open_file: ········· with文でファイルを開く
____data_=_open_file.read()
print(data)···················· インデントから抜けるとファイルを自動的に閉じる
```

29 ［追記モード］ ファイルにデータを追記しましょう

このレッスンの
ポイント

ファイルの書き込みモードでは、ファイルの中身が存在してもすべて
削除して上書きしていました。ここではファイルの末尾に追記を行う、
追記モードについて学びましょう。新規に書き込む場合とやることは
ほとんど同じですが、モードの違いで結果が変わります。

→ 追記モードで既存のファイルに追記する

ファイルを開くときのモードには、書き込み時に追
記を行う追記モードがあります。追記モードはモー
ドを表す文字列として 'a'（appendの頭文字）を指
定します。追記モードはファイルが存在すれば、フ

ァイルの末尾にデータを追記します。
書き込みにはこれまでと同様にwrite()メソッドを使
用します。なお、追記モードもファイルが存在しな
い場合は、ファイルを新規に作成します。

▶ 追記モードでファイルを開く

```
append_file = open('output.txt', 'a')
```

変数　　　　　open関数　　書き込むファイル名　　追記モードを指定

> 追記モードで書き込むと、既存のファ
> イルの末尾に追記されます。ファイル
> の読み込み、書き込み、追記を上手に
> 使い分けましょう。

● ファイルに追記するプログラムを作成する

1 ファイルにデータを追記する `file_append.py`

「file_append.py」というファイルを作成し、ファイル
にデータを追記するプログラムを作成します。
ファイル名を指定してopen()でファイルを開きます。

モードとして 'a'（追記モード）を指定します❶。
write()メソッドでファイルに追加で書き込むデータ
を指定します❷。最後にファイルを閉じます❸。

```
001  append_file_=_open('output.txt',_'a')
002  append_file.write('Hello_Atom!\n')
003  append_file.close()
```

1 追記モードで開く
2 データを書き込む
3 ファイルを閉じる

2 プログラムを実行する

コマンドプロンプトで「python file_append.py」と入
力してプログラムを実行します❶。
続けて、コマンドプロンプトで「type ファイル名」と
実行してファイルの中身を確認します（macOSでは

「cat ファイル名」）❷。ファイルの末尾にメッセー
ジが追記されていることが確認できます。プログラ
ムを2回実行すると、さらにメッセージが追記され
ます。

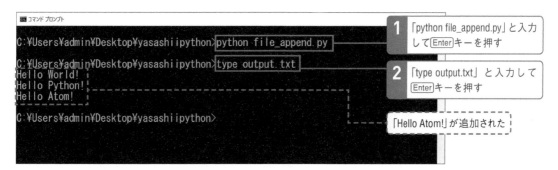

1 「python file_append.py」と入力
して Enter キーを押す

2 「type output.txt」と入力して
Enter キーを押す

「Hello Atom!」が追加された

30 [辞書とファイル処理の実践]
辞書とファイル入出力を使った
プログラムを作りましょう

**このレッスンの
ポイント**

Chapter 5のまとめとして、ファイル入出力と辞書データを使用した
成績評価プログラムを作成します。少し長いプログラムですが、ここ
まで学んできたデータ型、制御構文などの集大成として、がんばりま
しょう。

→ 文字列を分割する

文字列を分割するsplit()メソッドでは、任意の文字
で分割したリストを返します。下記のプログラムで
は区切り文字としてコロン（:）やカンマ（,）記号を
指定して文字列を分割しています。区切り文字を指
定しない場合は、半角スペース、タブ（\t）、改行（\
n）などの空白を表す文字で分割します。なお、全
角スペースも空白を表す文字として処理されます。
同じように文字列を分割するメソッドにsplitlines()

があります。こちらは改行ごとに文字列を区切り、
リスト型として返すメソッドです。ファイルのデータ
を1行ずつ読み込むときに便利です。split('\n')でも
同様の処理は可能ですが、ファイルの末尾の改行
コードがあると余分なデータができてしまい、エラ
ーの原因になることがあります。splitlines()なら改
行をうまく処理してくれるので、ファイルの読み込
み処理に重宝します。

▶ 文字列をsplit()メソッドで分割する

```
text1_=_'Takanori_Suzuki:100,88,81'
colon_splitted_=_text1.split(':') ··· ['Takanori_Suzuki',_'100,88,81']となる
comma_splitted_=_text1.split(',') ··· ['Takanori_Suzuki:100',_'88',_'81']となる
text2_=_'Takanori_Suzuki__100__88_81'
splitted_=_text2.split() ················· ['Takanori',_'Suzuki',_'100',_'88',_'81']
                                           となる
```

▶ 文字列をsplitlines()メソッドで分割する

```
fruits_list_=_'Apple,_100\nOrange,_120\n'.splitlines()
······ ['Apple,_100',_'Orange,_120']

fruits_list_=_'Apple,_100\nOrange,_120\n'.split('\n')
······ ['Apple,_100',_'Orange,_120',_'']となり、末尾に余計な空文字列が入る
```

● 成績評価プログラムを作る

1 データのファイルを用意する　`point.txt`

データのファイルとして「point.txt」というファイルを作成します。ファイルは1行の中に名前と点数がコ

ロンで区切られています。また点数は複数の教科の点数がカンマ区切りで入っています。

```
001  Takanori_Suzuki:100,88,81
002  Takayuki_Shimizukawa:77,94,85
003  Mitsuki_Sugiya:80,52,99
```

2 ファイルを読み込む　`05_file.py`

次はプログラムを作成し、point.txtを読み込んでデータを取り出します。「05_file.py」というファイルを作成してください。open()関数でファイルを開き、ファイル情報をopen_file変数へ代入します❶。
read()メソッドでファイルのデータを取得し、data変

数へ代入します❷。データを取得したので、ファイルを閉じます❸。ファイルのデータには複数行のデータが入っています。splitlines()メソッドを使用して、行ごとのリストにデータを変換します❹。

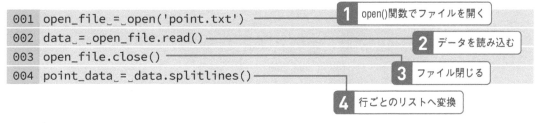

```
001  open_file_=_open('point.txt')     1  open()関数でファイルを開く
002  data_=_open_file.read()           2  データを読み込む
003  open_file.close()                 3  ファイル閉じる
004  point_data_=_data.splitlines()    4  行ごとのリストへ変換
```

3 読み込んだデータを辞書に追加する

プログラムで扱いやすいように、ファイルから読み込んだデータを辞書に追加しましょう。今回辞書に登録するのはpoint.txtから読み込んだデータです。最初にデータを格納する空の辞書 point_dict を作成します❶。空の辞書はこれからデータを追加するために作成するもので、{}と書きます（147ページ参照）。前の手順で作成したリスト変数のpoint_data

には、氏名とテストの点数がカンマ区切りで格納されています。これらを1つずつ辞書へ追加するために、繰り返し処理のfor文を利用します❷。コロンで文字列を「氏名」と「複数の点数」に分割します❸。キーを氏名、バリューを複数の点数として辞書型の変数のpoint_dictへデータを追加します❹。

```
001  open_file_=_open('point.txt')
002  data_=_open_file.read()
003  open_file.close()
004  point_data_=_data.splitlines()
005
006  point_dict_=_{}
007  for_line_in_point_data:
008  ____student_name,_points_str_=_line.split(':')
009  ____point_dict[student_name]_=_points_str
```

1 空の辞書

2 1行ずつ処理する

3 コロンで分割

4 辞書にデータを追加

4 合計点と平均点を算出する

次はpoint_dictの中にある点数から合計点と平均点を算出します。

合計点と平均点を保存しておくための辞書としてscore_dictを作成します❶。for文でpoint_dictを繰り返し処理します。変数student_nameにはキーとなっている氏名が入ります❷。point_dict[student_

name]で点数の文字列が取得できるので、カンマで区切って点数のリストを作成します❸。

点数のリストから、教科数（subject_number）、合計点（total）と平均点（avarage）を算出します❹。

最後に計算した合計点、平均点、教科数をscore_dictに保存します❺。

```
006  point_dict_=_{}
007  for_line_in_point_data:
008  ____student_name,_points_str_=_line.split(':')
009  ____point_dict[student_name]_=_points_str
010
011  score_dict_=_{}
012  for_student_name_in_point_dict:
013  ____point_list_=_point_dict[student_name].split(',')
014  ____subject_number_=_len(point_list)
015  ____total_=_0
016  ____for_point_in_point_list:
017  _____total_=_total_+_int(point)
018  ____average_=_total_/_subject_number
019  ____score_dict[student_name]_=_(total,_average,_subject_number)
```

1 空の辞書

2 点数データを繰り返し処理

3 点数リストを作成

4 点数を計算

5 辞書にデータを追加

5 評価結果を作成する

合計点をもとに、条件分岐で評価結果となる文字列を取得します。

評価を保存するための空の辞書の evaluation_dict を作成します❶。直前のfor文で作成した合計点、平均点などが入った辞書を繰り返し処理します❷。辞書のバリューにはタプルで合計点、平均点、教科数が入っているので、必要なデータを取り出します❸。教科数から評価のための基準となる点数を計算し、8割以上なら評価を'Excellent!'、6.5割以上なら'Good'とします。どちらの条件も満たさない場合は 'Bad' とします❹。最後に評価結果を辞書に追加します❺。

```
016     for_point_in_point_list:
017         total_=_total_+_int(point)
018     average_=_total_/_subject_number
019     score_dict[student_name]_=_(total,_average,_subject_number)
020
021 evaluation_dict_=_{}                    ── 1 空の辞書を作成
022 for_student_name_in_score_dict:         ── 2 合計点データを繰り返し処理
023     score_data_=_score_dict[student_name]
024     total_=_score_data[0]
025     average_=_score_data[1]             ── 3 合計点などを取り出す
026     subject_number_=_score_data[2]
027
028     excellent_=_subject_number_*_100_*_0.8
029     good_=_subject_number_*_100_*_0.65
030     if_total_>=_excellent:
031         evaluation_=_'Excellent!'
032     elif_total_>=_good:                 ── 4 評価文字列を作成
033         evaluation_=_'Good'
034     else:
035         evaluation_=_'Bad'
036     evaluation_dict[student_name]_=_evaluation ── 5 辞書にデータを追加
```

6 結果をファイルに出力する

評価の文字列が作成できたので、結果をファイル
に出力します。

まずは書き込みモードで結果を保存するファイルを
開きます❶。続いて、合計点や平均点を記録した
辞書のscore_dictに対して繰り返し処理を行います
❷。score_dictから合計点を取り出し❸、

evaluation_dictから評価を取り出します。2つの辞書
は同じキー（氏名）を使っているため、1つのfor文
で取り出すことが可能です❹。

取得したデータ（氏名、合計点、評価結果）をまと
めた文字列を作成し、ファイルに書き込みます❺。
最後にファイルを閉じて完了です❻。

```
001  open_file_=_open('point.txt')
002  data_=_open_file.read()
003  open_file.close()
004  point_data_=_data.splitlines()
005
006  point_dict_=_{}
007  for_line_in_point_data:
008  ____student_name,_points_str_=_line.split(':')
009  ____point_dict[student_name]_=_points_str
010
011  score_dict_=_{}
012  for_student_name_in_point_dict:
013  ____point_list_=_point_dict[student_name].split(',')
014  ____subject_number_=_len(point_list)
015  ____total_=_0
016  ____for_point_in_point_list:
017  _____total_=_total_+_int(point)
018  ____average_=_total_/_subject_number
019  ____score_dict[student_name]_=_(total,_average,_subject_number)
020
021  evaluation_dict_=_{}
022  for_student_name_in_score_dict:
023  ____score_data_=_score_dict[student_name]
024  ____total_=_score_data[0]
025  ____average_=_score_data[1]
026  ____subject_number_=_score_data[2]
027
```

```
028  ____excellent_=_subject_number_*_100_*_0.8
029  ____good_=_subject_number_*_100_*_0.65
030  ____if_total_>=_excellent:
031  _____evaluation_=_'Excellent!'
032  ____elif_total_>=_good:
033  _____evaluation_=_'Good'
034  ____else:
035  _____evaluation_=_'Bad'
036  ____evaluation_dict[student_name]_=_evaluation
037
038  file_name_=_'evaluation.txt'                              ┐  1  ファイルを開く
039  output_file_=_open(file_name,_'w')                        ┘
040  for_student_name_in_score_dict:  ─────────                   2  合計点データを繰り返し処理
041  ____score_data_=_score_dict[student_name]                 ┐
042  ____total_=_score_data[0]                                 ┘  3  合計点を取り出す
043
044  ____evaluation_=_evaluation_dict[student_name]  ──────       4  評価を取り出す
045
046  ____text = f'[{student_name}] total: {total}, evaluation:   ┐
     {evaluation}\n'                                            │
047  ____output_file.write(text)  ──────────                    ┘  5  結果を書き込む
048
049  output_file.close()  ─────────────                            6  ファイルを閉じる
050  print(f'評価結果を{file_name}に出力しました')
```

> 1つのforループの中ですべての処理を実行することも
> 可能です。しかし、このように段階を踏んで処理を進
> めると、途中の辞書データを確認して正しく処理され
> ているかが確認しやすくなります。

7 ファイルの入出力ができた

これで、学生ごとのテストの評価結果をファイル出力するプログラムが完成しました。「python 05_file.py」と入力して実行してみましょう❶❷。ファイルに結果が書き込まれていますか？

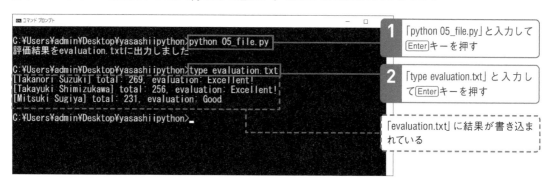

1 「python 05_file.py」と入力して Enter キーを押す

2 「type evaluation.txt」と入力して Enter キーを押す

「evaluation.txt」に結果が書き込まれている

👍 ワンポイント 辞書のキーには何が使える？

ここまでに紹介したプログラムでは、辞書は以下のような形式でした。

```
point_dict_=_{
____'001':_(100,_88,_81),
____'002':_(77,_94,_85),
____'003':_(80,_52,_99),
}
```

辞書のキーには文字列以外に数字やタプルも使えます。上記の辞書は以下のようにキーを数値にすることもできます。前後の処理の都合にあ

辞書のキー'001'は文字列です。ここまで本書に登場する辞書のキーはすべて文字列でした。

わせて、文字列、数字、タプルを使い分けましょう。なお、リストと辞書は辞書のキーに使えないので注意してください。

```
point_dict_=_{
____1:_(100,_88,_81),
____2:_(77,_94,_85),
____3:_(80,_52,_99),
}
```

Chapter

6

会話botを
作ろう

Chapter 5まででPythonを使った基本的なプログラムの作成方法について学びました。Chapter 6では会話botの作成を通じて、関数などを使ったより高度なプログラムを書いていきます。

Lesson 31 ［botとは］

会話botとは何かを知りましょう

**このレッスンの
ポイント**

このChapterでは会話botの作成を通じて、Pythonでのより高度なプログラムの作り方について順を追って説明していきます。その前に、botとはどういったプログラムで、どういう動作をすることを目的としているのかを理解しましょう。

→ botとは何か

botとは人に代わって何らかの作業を行うプログラムです。語源はロボット（ROBOT）からきています。botにはさまざまな作業をするものがあり、例えばGoogleなどの検索エンジンのためにページの情報を収集するbotや、Twitterで発言をするbot、株式

の売買をするbotなどがあります。今回作成するのは人と会話をする会話botです。チャットボットとも呼ばれており、人の発言に対して自動的に何らかの返答をします。

▶ 会話botは人と会話をする

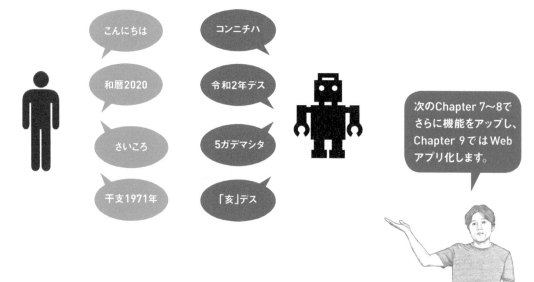

➔ 会話botとは何か

会話bot（チャットボット）は近年人気が高まりつつある技術です。LINE、Facebookメッセンジャーなどのチャットサービスは、会話botを作成するためのAPI（エーピーアイ。プログラムから使用できる命令など）を提供して、botの開発を推奨しています。本書で作成する会話botをもとに、LINEやFacebookメッセンジャー上の人と会話をするbotも作成できます。有名な会話botには、マイクロソフトが作成した「りんな（https://www.rinna.jp/）」があります。ただし今回作成するbotプログラムは「りんな」のようなAI（人工知能）を使ったものではなく、特定のキーワードに応答する単純なものです。

▶ 会話bot（りんな）との会話

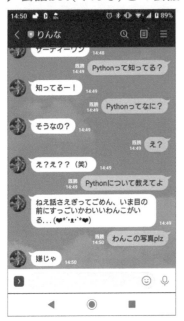

▶ botプログラムと会話する

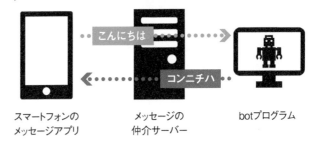

スマートフォンの　　　　メッセージの　　　　botプログラム
メッセージアプリ　　　仲介サーバー

👍 ワンポイント サーバーを介したメッセージのやりとり（API）

スマートフォンのメッセージアプリとbotプログラムが会話をするには、通常は上記の図のようにサーバーを介してメッセージをやりとりします。

本書ではプログラムを単純にするために、サーバーを介さずに直接人とbotプログラムがやりとりする形で話を進めます。実際にbotプログラムがスマートフォンとやりとりするには、各メッセージアプリ（LINEやFacebookメッセンジャーなど）が公開しているAPIにしたがってプログラムを作成する必要があります。

Lesson 32　[while文]

単純な応答をする会話botを作りましょう

このレッスンの
ポイント

最初に人間にいわれたことをそのままオウム返しする会話botを作成します。このプログラムに少しずつ処理を追加して、会話botができることを増やしていきます。まずは、繰り返し処理のためにwhile文を覚えましょう。

（→）単純な会話botを作成する

このLessonでは、まず会話botのベースとなるプログラムを作成します。名前はpybotとします。「pybot.py」というファイルを作成して、エディターでプログ

ラムを書き進めていきましょう。最初に作成する会話botでは、pybot> と表示されたところに入力した内容を、そのままオウム返しに応答します。

▶ pybotの実行イメージ

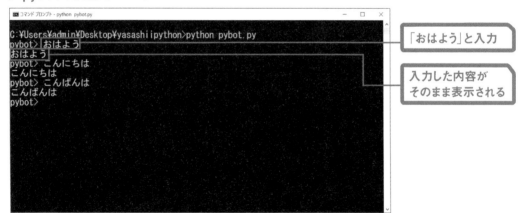

「おはよう」と入力

入力した内容が
そのまま表示される

→ while文を使って繰り返し処理を行う

pybotではユーザーからの入力を1つ受け取り、その入力内容をそのまま応答します。応答が終わったら次の入力を待ちます。このような処理を行うには、Pythonではwhile文を使用します。while文は条件となる式を記述し、その条件が満たされている間（Trueの間）繰り返します。式の書き方はif文と同様です。

以下のプログラムではcountという名前の変数を10から1ずつ減らします。このwhile文では、countの値が0より大きい間は条件を満たしている（True）ことになります。つまり、countが0になるとwhileの繰り返しを抜けてプログラムが終了します。

▶ while文の書き方

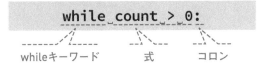

```
while count > 0:
```

whileキーワード　　式　　　コロン

▶ count変数が0より大きい間、繰り返す例

```
count = 10
while count > 0: ···· countが0より大きい間、処理を繰り返す
    print(count)
    count = count - 1
print('プログラムを終了する')
```

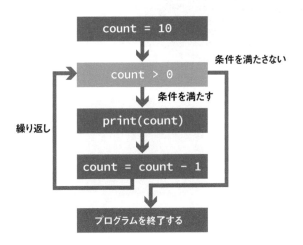

count = 10

count > 0　　　　条件を満たさない

条件を満たす

print(count)

繰り返し

count = count - 1

プログラムを終了する

> while文は条件を満たしている間
> 繰り返すことを覚えましょう。

繰り返し処理から強制的に抜ける

pybotのプログラムではwhileの条件として、Trueを記述します。こう書くことにより、whileの条件を常に満たしていることとなり、無限に繰り返し処理が実行され、会話botとの会話を無限に繰り返せます。プログラムを中断するには [Ctrl]＋[C]キー（macOSでは [control]＋[C]キー）を押してください。これでプログラムの処理を強制的に中断します。処理を中断すると画面にKeyboardInterruptと表示されて、キーボードからの入力によって処理が中断されたことがわかります。

▶ while文で無限に繰り返す例

```
while_True:················· 常に条件を満たすこととなり、無限に繰り返される
____ここにbotのプログラムを書く
```

▶ キーボード入力でプログラムを中断する

```
コマンド プロンプト

C:¥Users¥admin¥Desktop¥yasashiipython>python pybot.py
pybot> おはよう
おはよう
pybot> こんにちは
こんにちは
pybot> こんばんは
こんばんは
pybot> Traceback (most recent call last):
  File "pybot.py", line 18, in <module>
    command = input('pybot> ')
KeyboardInterrupt

C:¥Users¥admin¥Desktop¥yasashiipython>
```

[Ctrl]＋[C]キーを押して
プログラムを強制的に中断

このように無限に処理を繰り返すことを「無限ループ」といいます。無限ループのプログラムは終了しないため、強制的に処理を中断する必要があります。

単純な会話botを作ろう

1 pybotを作成する `pybot.py`

「pybot.py」というファイルを新規に作成し、while True:と入力して、全体が繰り返し処理となるようにします❶。
繰り返し処理の中では、まずinput()関数でユーザー

からの入力を受け付け、入力された値をcommand変数に保存します❷。pybot>はユーザーに入力を促すために表示される文字列です。次に、ユーザーが入力した値をprint()関数でそのまま出力します❸。

```
001  while_True:
002  ____command_=_input('pybot>_')
003  ____print(command)
```

1 常に条件を満たす

2 ユーザーからの入力を受け取る

3 入力された内容を表示

2 pybotを実行する

保存したプログラムを実行します。コマンドプロンプト上で「python pybot.py」と入力して、pybot>と表示されれば成功です❶。入力した内容をpybotが

そのまま返してくれることを確認してください。なお、プログラムを終了するには Ctrl + C キー（macOSでは control + C キー）を押してください。

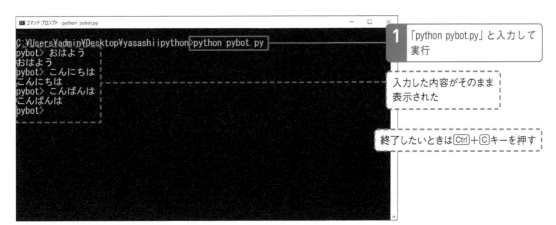

1 「python pybot.py」と入力して実行

入力した内容がそのまま表示された

終了したいときは Ctrl + C キーを押す

Lesson [in演算子とbreak文]

33 あいさつを返すbotを作りましょう

このレッスンの
ポイント

> このLessonではあいさつに対して、適切なあいさつを返すbotを作成します。文字列の中に特定のキーワードが含まれているか調べるためにin演算子を使います。in演算子は文字列などに指定したデータが含まれているかを調べてくれます。

→ 文字列が存在するかを調べよう

あいさつを返すbotを作成するために、ユーザーの入力した文字列がどのあいさつか（おはよう、こんにちはなど）を判断する必要があります。
比較演算子の==では比較対象の文字列同士が完全に一致する場合のみ条件が満たされますが（104ページ参照）、例えば「こんにちは」「こんにちは、お元気ですか」「pybotこんにちは」といった「こんにちは」を含んでいることを判断するにはどうすればいいでしょうか。Pythonではin演算子によって、任意の文字列が含まれているかどうかを調べます。
以下のプログラムでは1つ目の式は条件を満たしており（Trueを返す）、あいさつが表示されます。2つ目の式は条件を満たしていない（Falseを返す）ため、あいさつが表示されません。

▶in演算子を使った式の書き方

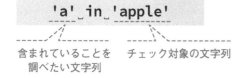

```
'a' in 'apple'
```

含まれていることを
調べたい文字列

チェック対象の文字列

▶in演算子による文字列の部分一致

```
if 'こんにちは' in 'こんにちは、お元気ですか':  …「こんにちは」が含まれているのでTrue
    print('コンニチハ')
```

```
if 'こんばんは' in 'こんにちは、お元気ですか':  …「こんばんは」が含まれていないのでFalse
    print('コンバンハ')
```

繰り返しを終了させよう

Lesson 32で説明したwhile Trueでの繰り返し処理は、条件式の結果が常にTrueのためにプログラムが終了しません。pybotに対してユーザーが「さようなら」という文字列を入力したら、プログラムが終了するようにします。繰り返し処理を終了するには break 文を使用します。次のプログラムでは、commandという変数にユーザーが入力した文字列を代入し、そこに「さようなら」の文字列が含まれていたら、break文で繰り返し処理を終了します。break文はfor文の繰り返しでも使用できます。

▶ break文による繰り返し処理の終了

```
while_True:
____command_=_input('pybot>_')
____print(command)
____if_'さようなら'_in_command: ‥‥「さようなら」が含まれている
_____break‥‥‥‥‥‥‥‥‥‥‥繰り返し処理を終了する
```

▶ プログラムの実行イメージ

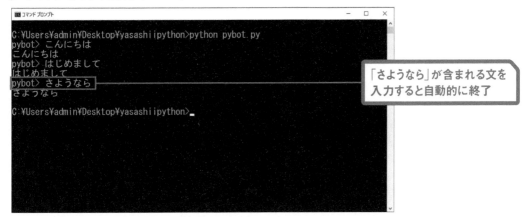

「さようなら」が含まれる文を入力すると自動的に終了

リストなどを使って繰り返しを行うfor文は「for 変数名 in リスト」で1つの文であり、このinは演算子ではありません。同じつづりですが意味が異なるので、注意してください。

● あいさつを返す会話botを作る

1 while文で繰り返してユーザーの入力を受け取る `pybot.py`

pybot.pyファイルの最初の部分はLesson 32と同じで、while文での繰り返しとinput()関数でユーザーの入力をcommand変数に保存しています。

```
001  while_True:
002  ____command_=_input('pybot>_')
```

2 条件分岐であいさつを切り替える

in演算子を使用して、ユーザーからあいさつが入力された場合には、pybotが対応するあいさつを返すようにします。ここでは「こんにちは」を含む文章の場合には「コンニチハ」を返し①、「ありがとう」の場合には「ドウイタシマシテ」②とあいさつを返しています。

```
001  while_True:
002  ____command_=_input('pybot>_')
003  ____if_'こんにちは'_in_command: ──────────① 「こんにちは」を含む場合
004  _____print('コンニチハ')
005  ____elif_'ありがとう'_in_command: ──────② 「ありがとう」を含む場合
006  _____print('ドウイタシマシテ')
```

3 break文で繰り返し処理を終了する

あいさつで「さようなら」と入力された場合に①、pybotはあいさつを返してwhile文による繰り返し処理を終了します②。

```
003  ____if_'こんにちは'_in_command:
004  _____print('コンニチハ')
005  ____elif_'ありがとう'_in_command:
006  _____print('ドウイタシマシテ')
007  ____elif_'さようなら'_in_command: ──────① 「さようなら」を含む場合
008  _____print('サヨウナラ')
009  _____break ──────────────② 繰り返し処理を終了
```

4 わからないあいさつに対応する

最後に、ユーザーが入力した文字列がどのあいさつ
でもない場合には、Lesson 25で説明したelse文を
使用して処理します❶。ここでは、pybotが「ユー
ザーが言っていることが理解できない」ことを表すメ
ッセージを返しています。

```
001  while_True:
002  ____command_=_input('pybot>_')
003  ____if_'こんにちは'_in_command:
004  _____print('コンニチハ')
005  ____elif_'ありがとう'_in_command:
006  _____print('ドウイタシマシテ')
007  ____elif_'さようなら'_in_command:
008  _____print('サヨウナラ')
009  _____break
010  ___else:────────── 1 一致しない場合
011  _____print('何ヲ言ッテルカ、ワカラナイ')
```

elif文を追加してあいさ
つのバリエーションを
増やしてみましょう。

5 pybotを実行する

「python pybot.py」と入力してpybotを実行します❶。
あいさつを入力するとpybotがあいさつを返してくれ
ます❷。「さようなら」と入力するとあいさつを返して、
繰り返し処理を終了し、プログラムが終了します❸。
入力プロンプトが pybot> からWindowsのコマンド
プロンプトに戻ります。

1 「python pybot.py」 と入
力して[Enter]キーを押す

2 いろいろな文を入力
して反応を確認

3 「さようなら」と
入力すると終了

Lesson
34 [辞書のfor文と空文字列]
あいさつを辞書データにして編集しやすくしましょう

このレッスンの
ポイント

Lesson 33ではあいさつを返すbotを作りましたが、あいさつの種類が増えてくるとif文が長くなります。そこであいさつのパターンをLesson 26で解説した辞書（dict）のデータに入れて、あいさつが追加しやすいbotを作成します。

→ 空文字列を判定する

if文には条件となる式を記述します。式には通常==などの比較演算子を使用しますが、変数の中身を直接判定する書き方も使えます。例えば文字列の場合には、空文字列（長さが0の文字列）はFalseと判断されます。空文字列「ではない」ことを条件に

したい場合は、notを使用します。以下のプログラムでは、name変数が空文字列の場合に「名前が設定されていません」と出力するようにしていますが、変数の中身を直接判定する書き方のほうがプログラムがシンプルになっています。

▶ 比較演算子を使って空文字列と比較する書き方

```
name␣=␣''  ········· name変数に空文字列を設定
if␣name␣==␣'':··· 空文字列と比較する
␣␣␣␣print('名前が設定されていません')
```

▶ 変数の中身を直接判定する書き方

```
name␣=␣''
if␣name:········ 空文字のため、if文の条件に合致しない
␣␣␣␣print('名前は',␣name,␣'です')
```

```
name␣=␣''
if␣not␣name:··· 空文字列の場合、if文の条件に合致する
␣␣␣␣print('名前が設定されていません')
```

空文字列は文字列なのに中身がないことを意味し、「ユーザーが入力してくれなかった」ことをチェックしたい場合などに使います。''のようにシングルクォート2つで表現します。

→ if文でFalseとなる値

if文で文字列を判定すると、空文字列はFalseとなりますが、他にもFalseになる値があります。数値の場合は0、0.0がFalseとなります。リスト、タプル、辞書は[]、()、{}というように、それぞれ空集合（要素が存在しない集合）の場合にFalseとなります。

▶ if文でFalseとなる値の例

値	意味
0	整数の0
0.0	実数の0.0
[]	空のリスト
()	空のタプル
{}	空の辞書

空集合は中身のないリストやタプル、辞書を意味します。

→ for文と空文字列の判定を組み合わせる

空文字列の判定を使う場面として、次のような例があります。辞書やリストなどに入っている値をfor文で順番にチェックし、条件に合致した場合は値を設定してforループを終了します。次の処理で条件に合致したのか、それとも最後まで合致せずに抜けてきたのかはわかりません。そこで変数responseに初期値として空文字列を設定します。for文のうしろのif文でresponse変数の中身が空文字列の場合には「いっていることが理解できない」ということを表すメッセージを設定します。

▶ 辞書のキーのいずれかが含まれているかチェック

```
bot_dict = {'こんにちは': 'コンニチハ'} ···· 辞書データを定義
command = 'おはよう'
response = '' ································ 初期値として空文字列を設定
for message in bot_dict: ················ 辞書のキーの数だけ、forループを実行
    if message in command: ············· 条件に合致したら値を設定してループを終了
        response = bot_dict[message]
        break
if not response: ························ 空文字列のままの場合の処理を書く
    response = '何ヲ言ッテルカ、ワカラナイ'
```

辞書データのあいさつを返す会話botを作る

1 あいさつの辞書データを定義する `pybot.py`

あいさつの辞書データを定義してbot_dict変数に設定します❶。左側が反応すべきあいさつの文字列（キー）、右側が応答となる文字列（バリュー）です。

```
001  bot_dict_=_{
002  ____'こんにちは':_'コンニチハ',
003  ____'ありがとう':_'ドウイタシマシテ',
004  ____'さようなら':_'サヨウナラ',
005  ____}
006
007  while_True:
```

1 辞書データを定義

2 応答メッセージを設定する

whileの繰り返しの中で、input()でユーザーから入力された文字列をcommand変数に設定します。応答の文字列を格納する変数responseを定義し、空の文字列で初期化します❶。for message in bot_dictであいさつの辞書データのキーを順番に取り出します❷。入力された文字列にキーの文字列（例：ありがとう）が含まれているかin演算子で確認し、含まれていればresponceに応答となる文字列（例：ドウイタシマシテ）を設定します❸。最後にbreak文でforの繰り返しを抜けます❹。

```
001  bot_dict_=_{
002  ____'こんにちは':_'コンニチハ',
003  ____'ありがとう':_'ドウイタシマシテ',
004  ____'さようなら':_'サヨウナラ',
005  ____}
006
007  while_True:
008  ____command_=_input('pybot>_')
009  ____response_=_''
010  ____for_message_in_bot_dict:
011  _____if_message_in_command:
012  _____response_=_bot_dict[message]
013  _____break
```

1 空文字列で初期化する
2 キーを順番に取り出す
3 応答となる文字列を設定する
4 繰り返しを抜ける

3 わからないあいさつに対応する

辞書の中に対応するあいさつ（キー）が見つからず、応答メッセージが空文字列（初期状態）のままの場合には、固定のメッセージを設定します①。次に応答メッセージを表示します②。

```
009    response_=_''
010    for_message_in_bot_dict:
011        if_message_in_command:
012            response_=_bot_dict[message]
013            break
014
015    if_not_response:
016        response_=_'何ヲ言ッテルカ、ワカラナイ'
017    print(response)
```

1 空文字列の場合

2 応答メッセージを表示

4 break文で繰り返し処理を終了する

最後に、あいさつに「さようなら」が含まれている場合に、break文でwhileの繰り返しを抜けてプログラムを終了します①。動作はLesson 33のサンプルとほぼ同じですが、あいさつの辞書（bot_dict）の内容を変更すると、そのあいさつに対応した応答を返すようになります。

```
007 while_True:
008    command_=_input('pybot>_')
009    response_=_''
010    for_message_in_bot_dict:
011        if_message_in_command:
012            response_=_bot_dict[message]
013            break
014
015    if_not_response:
016        response_=_'何ヲ言ッテルカ、ワカラナイ'
017    print(response)
018
019    if_'さようなら'_in_command:
020        break
```

1 whileループを終了

> 変数名のみを指定したif文を上手に使って、プログラムをシンプルにしましょう。

Lesson

35

［ファイルの文字コード］

あいさつデータを
ファイルから読み込みましょう

このレッスンの
ポイント

辞書形式で定義したあいさつのデータを、ファイルから読み込むようにします。データ定義を別ファイルとすることで、プログラム自体を書き替えずプログラムの動作が変更できるようにしましょう。日本語のテキストファイルを読み込むときは文字コードに気を付けましょう。

⊕ テキストファイルの文字コードに注意が必要

日本語を含むテキストファイルから読み込み、書き込みをするときには文字コードに注意が必要です。日本語にはutf-8やWindowsでよく使われるShift_JISなど、いくつかの文字コードが存在します。誤っ

た文字コードを指定してファイルを読み込むと、プログラムでエラーが発生します。本書では文字コードとしてutf-8を使用します。

▶ ファイルと文字コードの関係

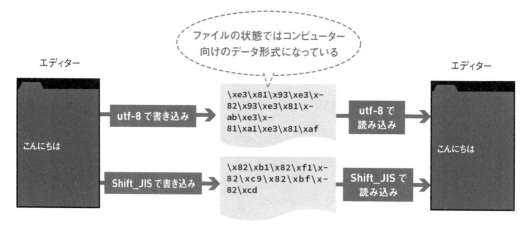

➔ 日本語のデータを保存する

日本語の含まれたテキストファイル pybot.txt を作成します。ファイルの中には「こんにちは」とだけ記述します。ファイルの文字コードは utf-8 で保存してください。Atomエディターでは画面の右下にある文字コード表示で確認できます。標準で utf-8 が選ばれているはずです。

▶ Atomエディターの文字コード表示

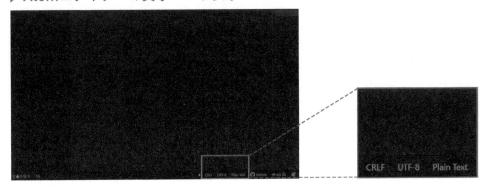

➔ 日本語のデータを読み込む

次にファイルの内容を読み込みます。ファイルを open() で開くときに、encoding='utf-8' と指定します。日本語の含まれるファイルを読み込む場合は、文字コード（encoding）をファイル保存時の文字コードと合わせる必要があります。文字コードを正しく指定しないと、読み込み時にエラー（Unicode DecodeError）が発生してプログラムが停止します。そのため、ファイルを開くときにはファイルの文字コードと、open() で指定する文字コードを合わせてください。

▶ 日本語のファイルを読み込む

```
text_file_=_open('pybot.txt',_encoding='utf-8')······· ファイルの文字コードを指定
raw_data_=_text_file.read()
text_file.close()
print(raw_data)····· 「こんにちは」と表示される
```

日本語のファイルを読み込む、書き込む場合には encoding を必ず指定しましょう。

あいさつデータをファイルから取得する会話botを作る

1 あいさつの定義ファイルを作成する `pybot.txt`

あいさつとそれに対する応答のセットとなるテキスト
ファイルを作成します。カンマ区切りで最初にあい
さつ、次に応答の文字列を記述します。

```
001  こんにちは,コンニチハ
002  ありがとう,ドウイタシマシテ ──────── 1 あいさつと応答のセットを入力
003  さようなら,サヨウナラ
```

2 あいさつの定義ファイルデータを 行ごとの文字列データにする `pybot.py`

先ほど作成したあいさつの定義ファイル (pybot.txt)
からデータを読み込んで、行ごとの文字列データに
します。文字コード (utf-8) を指定してファイルを開

きます①。read()メソッドでファイルの中身をすべ
て読み込み、改行 (\n) で分割して行ごとの文字列
のリストを作成します②。

```
001  command_file_=_open('pybot.txt',_encoding='utf-8') ──── 1 文字コードを指定
002  raw_data_=_command_file.read()
003  command_file.close()
004  lines_=_raw_data.splitlines() ──────────── 2 行ごとの文字列に分割
```

3 あいさつの辞書データを生成する

あいさつの辞書データを作成します。最初に空の
辞書データの変数を用意します①。1行分の文字列
(こんにちは,コンニチハ) をカンマで2つの文字列に

分割します②。分割した文字列の0番目を辞書のキ
ーに、1番目をバリューにして、辞書データに値を
追加します③。

```
001  command_file_=_open('pybot.txt',_encoding='utf-8')
002  raw_data_=_command_file.read()
003  command_file.close()
004  lines_=_raw_data.splitlines()
005
006  bot_dict_=_{} ──────────── 1 空の辞書を作成
007  for_line_in_lines:
```

```
008 ____word_list_=_line.split(',')
009 ____key_=_word_list[0]
010 ____response_=_word_list[1]
011 ____bot_dict[key]_=_response
```

2 カンマで2つの文字列に分割

3 2つの文字列をキーとバリューとして、辞書にセット

3 : pybotを実行する

辞書データができれば以降の処理はLesson 34と同じです❶。動作も同じです。このプログラムではあいさつの定義ファイルを書き替えることによって、あいさつのパターンを変更できます。定義ファイルを書き替えて試してみてください。

```
001 command_file_=_open('pybot.txt',_encoding='utf-8')
002 raw_data_=_command_file.read()
003 command_file.close()
004 lines_=_raw_data.splitlines()
005
006 bot_dict_=_{}
007 for_line_in_lines:
008 ____word_list_=_line.split(',')
009 ____key_=_word_list[0]
010 ____response_=_word_list[1]
011 ____bot_dict[key]_=_response
012
013 while_True:
014 ____command_=_input('pybot>_')
015 ____response_=_''
016 ____for_message_in_bot_dict:
017 _____if_message_in_command:
018 _____response_=_bot_dict[message]
019 _____break
020
021 ____if_not_response:
022 _____response_=_'何ヲ言ッテルカ、ワカラナイ'
023 ____print(response)
024
025 ____if_'さようなら'_in_command:
026 _____break
```

1 Lesson 34と同じプログラムを追加

36

[コマンドと数字の組み合わせ]

計算を行うコマンドを作成しましょう

**このレッスンの
ポイント**

ここまでのbotはあいさつのキーワードに対して、対応する文字列を返すだけしかできませんでした。このLessonでは、コマンドプロンプトのように、コマンドと数値を渡すことによって、計算した結果を返すbotを作成しましょう。

→ 複数の変数への代入

ここでは「和暦 2020」のように指定すると、平成または令和何年かを返す和暦コマンドを作成します。split()メソッドで文字列を空白文字で2つに分割して、コマンド部分（和暦）と年の指定（2020）に分けて処理をします。

なお、split()メソッドで分割して生成された値の数と、代入する変数の数が合っていないとエラーが発生してプログラムが終了します。

▶ **文字列を分割して複数の変数へ代入**

```
command_=_'和暦_2020'
wareki,_year_str_=_command.split()······文字列を分割し、複数の変数に代入する
```

▶ **splitで分割した結果を複数の変数に一度に代入する**

年号の計算をする和暦コマンドを作る

1 和暦コマンドを作成する `pybot.py`

Lesson 35に続いて「pybot.py」を編集します。あいさつを判別するforループのあと（20行目）に、和暦コマンド処理用のプログラムを追加します。if文で入力された文字列に「和暦」が含まれているかを判断します❶。split()メソッドでコマンド部分と年を表す文字列に分割します。❷。最後にint()で文字列を数値に変換します❸。

```
013  while True:
014      command = input('pybot> ')
015      response = ''
016      for message in bot_dict:
017          if message in command:
018              response = bot_dict[message]
019              break
020      if '和暦' in command:
021          wareki, year_str = command.split()
022          year = int(year_str)
```

1 「和暦」が含まれる場合

2 文字列を空白で分割する

3 年を数値に変換

2 和暦の計算をする

次に和暦の年を計算します。令和1年は西暦2019年なので、yearの値が2019以上のときは令和何年かを計算します❶。令和の場合は西暦から2018を引いた値をメッセージとして返します❷。平成1年は1989年なので、同様に計算してメッセージを返します❸。1988年以前の場合は、平成より前であることを表す応答を返します❹。

```
013  while True:
014      command = input('pybot> ')
015      response = ''
016      for message in bot_dict:
017          if message in command:
018              response = bot_dict[message]
019              break
020      if '和暦' in command:
```

```
021          wareki, year_str = command.split()
022          year = int(year_str)
023          if year >= 2019:
024              reiwa = year - 2018
025              response = f'西暦{year}年ハ、令和{reiwa}年デス'
026          elif year >= 1989:
027              heisei = year - 1988
028              response = f'西暦{year}年ハ、平成{heisei}年デス'
029          else:
030              response = f'西暦{year}年ハ、平成ヨリ前デス'
031
032      if not response:
033          response = '何ヲ言ッテルカ、ワカラナイ'
034      print(response)
035
036      if 'さようなら' in command:
037          break
```

1 令和の範囲か (line 023)

2 令和の年を計算 (line 024)

3 平成も同様に計算 (line 026)

4 平成より前の場合 (line 029)

3 和暦コマンドを実行する

pybotを実行して和暦コマンドの動作を確認します。

「和暦（西暦年数）」を入力すると令和または平成何年か表示される

Lesson 37

[関数の作成]

計算を行うコマンドの処理を1つにまとめましょう

このレッスンのポイント

Lesson 36で計算を行うコマンドを追加しました。このようにpybotにいろいろなコマンドを追加していくとプログラムが非常に長くなります。このLessonでは機能のまとまりをグループ化する関数の作り方について学びましょう。

→ 関数とは何か

関数とはプログラムのいくつかの処理をひとまとめにしたものです。今までは和暦コマンドの処理はwhileループの中に記述していました。和暦コマンドは10行未満の短いプログラムですが、より複雑なコマンドを作成するとwhileループが長くなり、プログ

ラム全体がわかりにくくなります。このような場合に、プログラムを機能ごとに分割して、全体の動作をわかりやすくすることができます。その分割したものを関数と呼びます。

▶ 一部の処理を「関数」に分割すると全体がわかりやすくなる

```
if '和暦' in command:
    wareki, year_str = command.split()
    year = int(year_str)
    if year >= 2019:
        reiwa = year - 2018
        response = f'西暦{year}年ハ、令和{reiwa}
年デス'
    elif year >= 1989:
        heisei = year - 1988
        response = f'西暦{year}年ハ、平成
{heisei}年デス'
    else:
        response = f'西暦{year}年ハ、平成ヨリ前デス'
elif '長さ' in command:
    length, text = command.split()
……さらに他のコマンドが続く
```

```
if '和暦' in command:
    response = wareki_command(command)
elif ……他の処理が続く
```

wareki_command 関数

```
def wareki_command(command):
    wareki, year_str = command.split()
    year = int(year_str)
    if year >= 2019:
        reiwa = year - 2018
        response = f'西暦{year}年ハ、令和
{reiwa}年デス'
    elif year >= 1989:
        heisei = year - 1988
        response = f'西暦{year}年ハ、平成
{heisei}年デス'
    else:
        response = f'西暦{year}年ハ、平成ヨリ前デス'
```

西暦→和暦の計算をする部分を関数化

→ 機能を増やしてもわかりやすい

pybotには和暦コマンド以外にもたくさんのコマンドを実装したいとします。その場合も1つ1つのコマンドに対応する処理を、それぞれ関数に分割することで、プログラム全体が見やすくなります。

▶ コマンドごとに関数を作る

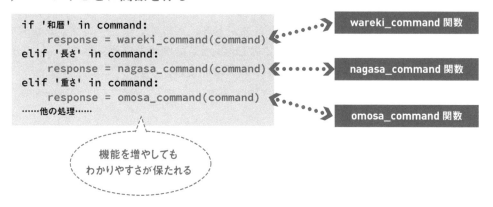

```python
if '和暦' in command:
    response = wareki_command(command)
elif '長さ' in command:
    response = nagasa_command(command)
elif '重さ' in command:
    response = omosa_command(command)
……他の処理……
```

wareki_command 関数

nagasa_command 関数

omosa_command 関数

機能を増やしても
わかりやすさが保たれる

→ 同じプログラムを何度も書かずに済む

関数のもう1つのメリットは再利用性です。和暦コマンドの処理をプログラムの複数箇所で使用したい場合に、関数に分割しなければコピー&ペーストして同じプログラムを書く必要があります。また、そのプログラムに問題があった場合には、複数箇所を書き直さないといけないため非常に不便です。関数にすることで再利用ができ、変更する部分も1カ所で済みます。

▶ 同じ処理をしたいときは関数を呼び出すだけでいい

```python
……
response = wareki_command(command)
……
response = wareki_command(command)
……
response = wareki_command(command)
```

wareki_command 関数

同じプログラムを
何度も書かなくて済む

処理のまとまりを関数に分割して、
プログラムを見やすくしましょう。

➜ 関数の作り方

関数を作成するには、「定義（define）」の略の「def」のあとに関数名を指定し、カッコの中に関数の引数（その関数に渡したい値）を指定します。引数は省略できます。関数を終了して、関数の呼び出し元に戻るには、終了時に戻り値をreturn文で指定します。戻り値に指定した値が、関数の呼び出し元に返ります。戻り値も省略でき、その場合は何も値を返さずに関数が終了して、呼び出し元に処理が戻ります。

▶ 関数の作成

```
def wareki_command(command):
```

def
キーワード　　関数名　　開き
カッコ　　引数　　閉じ
カッコ　　コロン

▶ return文

```
return response
```

reutrnキーワード　　戻り値

➜ 関数の呼び出し

実際に関数を作成して呼び出す動作を確認します。動作を単純化するために、ここでは2つの数値を受け取って、加算した結果を返すadd()関数を作成します。add()関数を呼ぶ側で引数を変更すると、当然ですが返ってくる結果も変わります。関数にはこのように同じ処理をまとめておいて、何度も呼び出せるようにするという役割もあります。なお、関数の定義は関数呼び出しの前にないといけません。関数の定義前に関数呼び出しを実行するとエラーが発生します。

▶ add()関数を作成

```
def add(a, b):……… add関数を作成する
    total = a + b
    return total … 加算した結果を返す
```

▶ add()関数を呼び出すプログラム

```
total1 = add(1, 2)……… 3が返ってくる
total2 = add(100, 200)… 300返ってくる
```

同じ関数でも引数が変わると戻り値が変わります。

▶ 関数の引数と戻り値

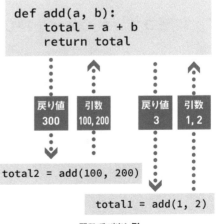

add()関数

```
def add(a, b):
    total = a + b
    return total
```

| 戻り値 300 | 引数 100, 200 | 戻り値 3 | 引数 1, 2 |

```
total2 = add(100, 200)
```

```
total1 = add(1, 2)
```

関数呼び出し側

● 和暦コマンドを関数にする

1 和暦コマンドの関数を作成する `pybot.py`

wareki_command関数を作成します。関数には引数としてcommand変数が渡され、command変数の中には「和暦 2020」といった文字列が入ります❶。以

降の処理は1つ前のLessonと同様です。最後に、結果として「西暦2020ハ、令和2年デス」といった文字列をreturn文で返します❺。

```
001  def wareki_command(command):          ── 1 関数を定義
002      wareki, year_str = command.split()
003      year = int(year_str)
004      if year >= 2019:
005          reiwa = year - 2018              ── 2 令和の年を計算
006          response = f'西暦{year}年ハ、令和{reiwa}年デス'
007      elif year >= 1989:                   ── 3 平成も同様に計算
008          heisei = year - 1988
009          response = f'西暦{year}年ハ、平成{heisei}年デス'
010      else:                                ── 4 平成より前の場合
011          response = f'西暦{year}年ハ、平成ヨリ前デス'
012      return response                      ── 5 結果を返す
013
014  command_file = open('pybot.txt', encoding='utf-8')
```

2 和暦コマンドの関数を呼び出す

whileループの中で、入力された文字列に「和暦」が含まれている場合には和暦コマンドの関数を実行するように書き替えます。以下のように和暦コマンド

を呼び出す部分が2行だけで書けてプログラムがシンプルになります❶。同様に自分で作成したいコマンドを、どんどん関数で追加していきましょう。

```
030          if message in command:
031              response = bot_dict[message]
032              break
033
034      if '和暦' in command:          ── 1 関数を呼び出す
035          response = wareki_command(command)
```

動作はLesson 36とまったく同じです。

[組み込み関数]

組み込み関数を使いましょう

**このレッスンの
ポイント**

組み込み関数という Pythonにあらかじめ用意されている便利な
関数があります。実はこれまで使ってきた print()関数も組み込み
関数の1つです。組み込み関数を使用して、pybotに新しいコマン
ドを追加しましょう。

➔ 組み込み関数とは

Pythonには組み込み関数という、あらかじめ用意さ
れた便利な関数があります。ここまでのプログラム
でもすでに使用している print()、input()、open()な
ども組み込み関数の1つです。組み込み関数の一覧

は https://docs.python.org/ja/3/library/functions.
htmlで確認できます。おさらいとして、ここまでに
出てきた組み込み関数の一部を紹介しましょう。

▶ ここまでに出てきた主な組み込み関数

組み込み関数	意味
input()	入力された値を文字列として返す
print()	指定された値を出力する
open()	ファイルを開く
str()	文字列（str）型に変換する
int()	整数（int）型に変換する

print()、open()、int()などの
組み込み関数を上手に使って、
処理を効率化しましょう。

len()関数

組み込み関数のlen()は、文字列、リスト、タプル、辞書などの長さ（要素数）を返します。半角スペースや日本語の文字もそれぞれ1文字と数えます。以

下のプログラムでは文字列とリストの長さを返しています。

▶ len()の関数で文字列とリストの長さを取得する

```
len1_=_len('Takanori_Suzuki') ‥‥15がlen1に代入される
```
```
len2_=_len('鈴木たかのり') ‥ 6がlen2に代入される
```
```
eto_list_=_['子',_'丑',_'寅',_'卯',_'辰',_'巳',_'午',_'未',_'申',_'酉',_'戌
',_'亥']
```
```
len3_=_len(eto_list) ‥‥‥‥ 12がlen3に代入される
```

 ## print()関数の使いこなし

print()関数には1つまたは複数の値を指定して文字列を出力してきました。実は引数を使うことにより、もっと便利に使いこなせます。sep引数に文字を指定すると、その文字を区切り文字として出力します。デフォルトでは半角スペースが指定されています。出力時に改行をしたくない場合もあると思います。

その場合はend引数に空文字列を指定します。デフォルトではend引数には改行を表す\nという文字列が指定されています。

下のプログラムのようにend引数に空文字列を指定すると、「子」「丑」と1文字ずつ出力して最後に改行の文字を出力します。

▶ 区切り文字を指定して出力する

```
print('a',_'b',_1) ‥‥‥‥‥‥‥‥‥「a_b_1」と出力される
```
```
print('a',_'b',_1,_sep='|') ‥‥‥‥「a|b|1」と出力される
```
```
print('a',_'b',_1,_sep=',_') ‥‥‥‥「a,_b,_1」と出力される
```
```
print('a',_'b',_1,_sep='') ‥‥‥‥「ab1」と出力される
```

▶ 改行せずに出力する

```
eto_list_=_['子',_'丑',_'寅',_'卯',_'辰',_'巳',_'午',_'未',_'申',_'酉',_'戌
',_'亥']
```
```
for_eto_in_eto_list:
```
```
_ _ _ _print(eto,_end='') ‥‥ 1文字ずつ改行せずに出力
```
```
print() ‥‥‥‥‥‥‥‥‥‥ 最後に改行のみを出力
```

● 長さコマンドを作成する

1 長さコマンドの関数を作成する `pybot.py`

「長さ long_long_text」といったコマンドを受け取ると、「14」を返すような「長さコマンド」を実現する関数を作成します。最初に渡された文字列を split() メソッドでコマンド部分と文字列部分に分割してい

ます①。次に len()関数で文字列の長さを取得しています②。最後に応答メッセージを作成し、return 文で返します③。

```
001  def_len_command(command):
002  ____cmd,_text_=_command.split()          ← 1 文字列を取得
003  ____length_=_len(text)                    ← 2 文字列の長さを取得
004  ____response_=_f'文字列ノ長サハ_{length}_文字デス'┐
005  ____return_response                                    ← 3 メッセージを返す
006
007  def_wareki_command(command):
008  ____wareki,_year_str_=_command.split()
```

2 長さコマンドを追加する

メッセージに「長さ」が含まれているときに、「長さコマンド」の関数を呼ぶようにします。whileループの中に長さコマンドを呼び出す部分を追加します①。

このようにして、関数を追加してコマンドを増やしていくことができます。

```
032  while_True:
033  ____command_=_input('pybot>_')
034  ____response_=_''
035  ____for_message_in_bot_dict:
036  _____if_message_in_command:
037  _____response_=_bot_dict[message]
038  _____break
039
040  ____if_'和暦'_in_command:
041  _____response_=_wareki_command(command)
```

NEXT PAGE → | 163

```
042    ____if_'長さ'_in_command: ─────────────────────  1  長さコマンドを追加
043    _____response_=_len_command(command)
044
045    ____if_not_response:
046    _____response_=_'何ヲ言ッテルカ、ワカラナイ'
047    ____print(response)
048
049    ____if_'さようなら'_in_command:
050    _____break
```

3 長さコマンドを実行する

pybotを実行して、長さコマンドの動作を確認します。　数を作成して、どんどん追加していきましょう。
このようにしてpybotに追加したい機能があれば関

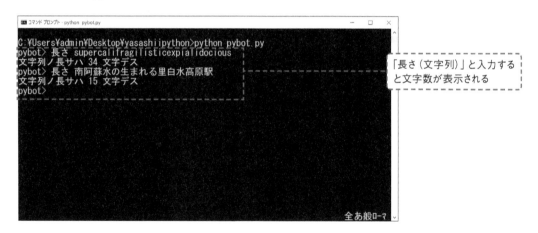

「長さ（文字列）」と入力する
と文字数が表示される

ここまではPythonの標準機
能だけを使ってきました。次
のChapterからはPythonの
ライブラリを活用していきます。

Chapter

7

ライブラリを
使いこなそう

Chapter 6では会話botの作成
を通じて、関数の作成や組み
込み関数の使い方を学びまし
た。Chapter 7では機能を分割
するモジュール化と、Python
の豊富な標準ライブラリを利
用する方法について紹介しま
す。

Lesson 39

[モジュール]

プログラムを機能ごとに
ファイルに分割しましょう

**このレッスンの
ポイント**

モジュールを利用すると、プログラムを複数のファイルに分割することができます。1つのファイルにまとめるよりも、全体の把握や改良がしやすくなります。ここではChapter 6で作成したプログラムをモジュールに分割し、メンテナンスしやすいプログラムにしてみましょう。

➡ モジュールとは

Chapter 6では、pybotを機能ごとに関数に分割しました。しかし、コマンドが増えていくと、関数で分割してもファイルが非常に長くなってしまいメンテナンスしにくくなります。そのようなときのために、Pythonでは機能ごとにファイルを分割する仕組みが

用意されています。Pythonでは1つのファイルに書かれているプログラムをモジュールと呼びます。インポートという機能を使うと、他のモジュール内の関数を読み込んで実行できます。

▶ **プログラムを複数のファイル（モジュール）に分割**

pybot.py

```
def wareki_command(command):
    : コマンドの処理
    :
    return response

: ファイルの準備
while True:
    : コマンドの前処理
    :
    if '和暦' in command:
        response = wareki_com-
mand(command)
    print(response)
```

**ファイルを
分割**

wareki.py

```
def wareki_command(command):
    : コマンドの処理
    :
    return response
```

モジュールを
インポートする

pybot.py

```
from wareki import wareki_command

: ファイルの準備
while True:
    : コマンドの前処理
    :
    if '和暦' in command:
        response = wareki_command(com-
mand)
    print(response)
```

インポートした
関数を実行する

→ モジュールを作成する

モジュールの作成方法は、これまで説明したプログラムの書き方と変わりません。例えば、足し算を行うadd()関数と、引き算を行うsub()関数を別のモジュールに分割する場合、下記のようなプログラムになります。これをcalc.pyというファイルとして保存します。このファイルがモジュールとなります。

▶ calc.pyを作成する

```
def_add(a,_b):
____return_a_+_b
```

```
def_sub(a,_b):
____return_a_-_b
```

→ import文でモジュールを利用する

モジュールは、import文で読み込むことで利用できます。import文は以下のように import キーワードのあとにモジュール名（ファイル名から.pyを取ったもの）を指定します。このように、モジュールを読み込んで利用できるようにすることを「モジュールをインポートする」といいます。実際にcalcモジュールをインポートして使用する場合は、以下のプログラムを import-sample.pyという名前で保存して実行します。import calcと書くと、calcモジュールがcalcという名前でプログラム中で使用できるようになります。

calcモジュール内のadd()関数を実行するにはcalc.add()というように、ドットのあとに関数名を指定します。

▶ import文の基本的な書き方

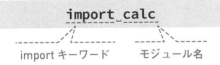

import キーワード　　モジュール名

▶ calcモジュールをインポートして関数を実行する

```
import_calc················calcモジュールをインポートする
```

```
sum_=_calc.add(1,_2) ····calcモジュールのadd関数を実行する
dif_=_calc.sub(5,_3) ····calcモジュールのsub関数を実行する
print(sum,_dif)··········3 2という計算結果が出力される
```

→ モジュールは同じフォルダーに配置する

import文は、モジュールのファイルを同一フォルダーから探します。今回の例ではcalc.pyとimport-sample.pyは同じフォルダーに配置して実行してください。同一のフォルダーにモジュールのファイルが見つからない場合は、プログラムを実行するとModuleNotFoundErrorというエラーが発生します。

▶ モジュールのファイル配置

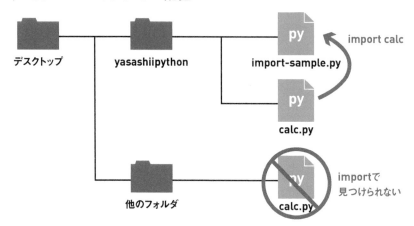

デスクトップ　　　yasashiipython　　　import-sample.py

import calc

calc.py

他のフォルダ　　　calc.py　　　importで見つけられない

👍 ワンポイント　他のフォルダーのモジュールをインポートするには

Pythonの仕様上は、他のフォルダーのモジュールをインポートして使うことも可能です。しかし、現時点ではそこまで大規模なプログラムは作成しない想定のため、本書では説明はしません。詳しく知りたい人はPythonの公式ドキュメントの「モジュール」などを参照してください。

6. モジュール
https://docs.python.org/ja/3/tutorial/modules.html

→ 関数ごとにインポートする

インポートしたモジュールの関数を使用するときに、毎回モジュール名.関数名()で指定するのは少し面倒と感じる場合もあります。その場合は以下のようにfromキーワードを使用して、関数を直接インポートします。fromを使用してimportした関数は以下の ようにモジュール名がなくても実行できます。
実行結果はモジュールをインポートしたときと同じですが、「モジュール名.」を書かなくて済むぶん、プログラムがシンプルになります。

▶ fromを使用したimport文

```
from_calc_import_add,_sub
```

from キーワード　　モジュール名　　import キーワード　　関数名

▶ calcモジュールから関数をインポートして実行する

```
from_calc_import_add,_sub ···· calcモジュールのadd、sub関数をインポートする

sum_=_add(1,_2)·············· calcモジュールのadd関数を実行する
dif_=_sub(5,_3)·············· calcモジュールのsub関数を実行する
print(sum,_dif)
```

👍 ワンポイント import文をどう使い分けるか

import calcでモジュールごと読み込んでも、from calc import add, subで関数ごとにインポートしても、同じ実行結果を得られます。つまり実用上はどちらでもいいのですが、プログラムを書くときの書きやすさや、読みやすさ（理解しやすさ）で、どちらを使うほうがよりよいかを判断する必要があります。

例えば、calc.pyにあるようなadd()、sub()という関数名は一般的な名前のため、他のモジュールで作成した関数と混同する可能性があります。そのような場合はcalc.add()と書いて、どのモジュールを使用しているのかを明示したほうがいいでしょう。

> プログラムを複数のモジュールに分割して、メンテナンス性を高めましょう。

○ 干支を教えてくれる機能を追加する

1 干支のプログラムを確認する

ここでは、Chapter 3で作成した干支を取得するプログラムをモジュール化して、pybotから干支コマンドを使用できるようにします。元の干支を返すプログラムは以下のようなものでした。

▶ Chapter 3で作成したプログラム

```
001  year_str_=_input('あなたの生まれ年を西暦4桁で入力してください:_')
002  year_=_int(year_str)
003  number_of_eto_=_(year_+_8)_%_12
004  eto_tuple_=_('子',_'丑',_'寅',_'卯',_'辰',_'巳',_'午',_'未',_'申',_'酉',_
     '戌',_'亥')
005  eto_name_=_eto_tuple[number_of_eto]
006  print(f'あなたの干支は{eto_name}です。')
```

2 干支を取得するプログラムをモジュール化する `pybot_eto.py`

「pybot_eto.py」というファイルを作成し、eto_command()関数を書きます❶。この干支を教えてくれる機能は「干支 2000」のようにpybotに問い合わせると、西暦から対応する干支を返してくれます。元のプログラムからの変更部分としては、まず入力されたコマンドを split()で分割し、年の文字列を受け取ります❷。また、最後にprint()関数で結果を出力していた部分を、文字列を生成してreturnで返すように変更しています❸。

```
001  def_eto_command(command):                                     【1】関数にする
002  _____eto,_year_str_=_command.split()                          【2】年を取得
003  _____year_=_int(year_str)
004  _____number_of_eto_=_(year_+_8)_%_12
005  _____eto_tuple_=_('子',_'丑',_'寅',_'卯',_'辰',_'巳',_'午',_'未',_'申',_'酉'
     ,_'戌',_'亥')
006  _____eto_name_=_eto_tuple[number_of_eto]
007  _____response_=_f'{year}年生マレノ干支ハ「{eto_name}」デス。'        【3】応答を作成
008  _____return_response
```

3 干支コマンドを実行する pybot.py

pybot_eto.pyをインポートして干支コマンドを追加します。pybot.pyの1行目にimport文を追加します❶。通常、import文はプログラムの先頭にまとめて書き ます。あとはpybotの実際の処理を行うwhileループの中に、干支コマンド用のif文とeto_command()関数を呼ぶ処理を追加するだけです❷。

```
001  from_pybot_eto_import_eto_command ─────────── ❶ import文
002
     ……中略……
034  while_True:
035  ____command_=_input('pybot>_')
036  ____response_=_''
037  ____for_message_in_bot_dict:
038  _____if_message_in_command:
039  _____response_=_bot_dict[message]
040  _____break
041
042  ____if_'和暦'_in_command:
043  _____response_=_wareki_command(command)
044  ____if_'長さ'_in_command:
045  _____response_=_len_command(command)
046  ____if_'干支'_in_command:                    ❷ 干支コマンドを追加
047  _____response_=_eto_command(command)
048
049  ____if_not_response:
050  _____response_=_'何ヲ言ッテルカ、ワカラナイ'
051  ____print(response)
052
     ……中略……
```

同様に、「和暦コマンド」や「長さコマンド」もファイルを分割してモジュール化できます。

```
C:\Users\admin\Desktop\yasashiipython>python pybot.py
pybot>干支 2020
2020年生マレノ干支ハ「子」デス。
pybot> 干支 1971
1971年生マレノ干支ハ「亥」デス。
pybot>
```

❶ 「python pybot.py」と入力して Enter キーを押す

「干支 西暦の年数」と入力すると干支が表示される

Lesson 40 ［標準ライブラリ］

標準ライブラリを使いましょう

このレッスンの
ポイント

Pythonには便利な機能を提供するモジュールが多数提供されていて、それを「標準ライブラリ」と呼びます。標準ライブラリを使用して、pybotをさらに拡張しましょう。まずはランダムな結果を返すrandomモジュールを使ってみます。

→ 標準ライブラリとは

Pythonには、標準ライブラリという便利な機能をまとめたものが提供されています。汎用性の高いプログラムのかたまりをライブラリといいます。Pythonでも、標準ライブラリという名前でたくさんの便利なプログラムが提供されています。標準ライブラリが提供している機能は、数学の計算、日時の処理、

ネットワーク通信などさまざまです。これらの標準ライブラリはモジュールとして提供されており、importして使用します。標準ライブラリに含まれるモジュールは非常に数が多く、本書で利用するのもその一部です。全体を知りたい場合はPythonの公式ドキュメントを参照してください。

▶ 公式ドキュメントの標準ライブラリの解説

Python 標準ライブラリ

https://docs.python.org/ja/3/library/index.html

ランダムな結果を返すrandomモジュール

randomモジュールは標準ライブラリの1つで、ランダム(無作為)にデータを抽出する機能を提供します。例えばrandomモジュールのchoice()関数は、リストやタプルを渡すとその中から1つの要素をランダムに返します。以下のプログラムの実行結果はa, b, cのいずれかを返しますが、どれが返ってくるかはわかりません。また、実行するたびに結果も変わります。

▶ choice()関数の使用例

```
import_random

choiced_=_random.choice(['a',_'b',_'c'])……ランダムにいずれかが返される
print(choiced)
```

 ## randrange()関数

randomモジュールのrandrange()関数は、指定した整数の範囲から1つの整数を返します。引数が1つの場合は0から終了数値-1まで、引数が2つの場合は開始と終了の数値を指定します。

▶ randrange()関数

```
randrange(100)
```
終了数値

```
randrange(1, _100)
```
開始数値　　終了数値

▶ randrange()関数の使用例

```
import_random

num1_=_random.randrange(100) ···0から99の範囲の数値をランダムに返す
print(num1)
num2_=_random.randrange(1,_7) ···1から6の範囲の数値をランダムに返す
print(num2)
```

randomモジュールには他にもさまざまな関数があります。他の機能についてはPython公式ドキュメントの「random — 擬似乱数を生成する」を参照してください。

● randomモジュールを利用した機能をpybotに追加する

1 randomモジュールを使ったコマンドを作成する `pybot_random.py`

randomモジュールを使用したコマンドを実現する関数を作成します。今回作るのは、入力した複数の文字列から1つをランダムに選ぶ「選ぶ」コマンドと、さいころの代わりをしてくれる「さいころ」コマンドのための関数です。まずはモジュール化するために、「pybot_random.py」というファイルを作成してプロ

グラムを書きます。

1つ目はchoice_command()関数で、コマンドの文字列をsplit()メソッドで分割し、choice()関数でランダムに1つを選択して返します❶。

2つ目はdice_command()関数で、さいころのようにランダムに1~6のいずれかの数字を返します❷。

```
001  import_random
002
003  def_choice_command(command):
004  ____data_=_command.split()
005  ____choiced_=_random.choice(data)          1 1つを選択
006  ____response_=_f'「{choiced}」ガ選バレマシタ'
007  ____return_response
008
009  def_dice_command():
010  ____num_=_random.randrange(1,_7)
011  ____response_=_f'「{num}」ガ出マシタ'         2 数値をランダムに返す
012  ____return_response
```

2 コマンドをimportして使用する `pybot.py`

pybot_random.pyをインポートして2つのコマンドを追加します。プログラムの先頭部分にimport文を追加します❶。pybotの実際の処理を行うwhileループの中に、各コマンド用のif文と関数を呼ぶ処理を追

加します。「選ぶ」のキーワードがある場合には、choice_command()を実行します❷。

同様に「さいころ」のキーワードがある場合には、dice_command()を実行します❸。

```
001  from_pybot_eto_import_eto_command
002  from_pybot_random_import_choice_command,_dice_command
     ……中略……
035  while_True:
036  ____command_=_input('pybot>_')
037  ____response_=_""
038  ____for_message_in_bot_dict:
039  _____if_message_in_command:
040  _____response_=_bot_dict[message]
041  _____break
042
043  ____if_'和暦'_in_command:
044  _____response_=_wareki_command(command)
045  ____if_'長さ'_in_command:
046  _____response_=_len_command(command)
047  ____if_'干支'_in_command:
048  _____response_=_eto_command(command)
049  ____if_'選ぶ'_in_command:
050  _____response_=_choice_command(command)
051  ____if_'さいころ'_in_command:
052  _____response_=_dice_command()
053
054  ____if_not_response:
055  _____response_=_'何ヲ言ッテルカ、ワカラナイ'
056  ____print(response)
057
058  ____if_'さようなら'_in_command:
059  _____break
```

1 import文を追加

2 選ぶコマンドを追加

3 さいころコマンドを追加

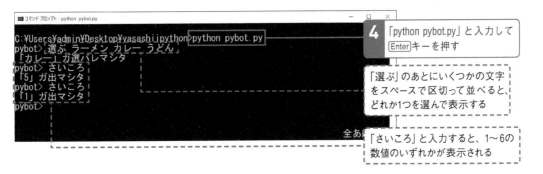

4 「python pybot.py」と入力して Enter キーを押す

「選ぶ」のあとにいくつかの文字をスペースで区切って並べると、どれか1つを選んで表示する

「さいころ」と入力すると、1～6の数値のいずれかが表示される

Lesson ┊ [datetime]

41 datetimeモジュールを使って 日時を扱う機能を作りましょう

このレッスンの
ポイント

標準ライブラリのdatetimeモジュールを使って、日付を扱うコマンドを作成しましょう。このモジュールを使用すると、日付、時刻などのデータ型が利用可能になり、現在の日時の取得や日付の計算が行えます。

→ 日付、時間のための機能をまとめたdatetimeモジュール

datetimeは日付、時間を扱うためのモジュールです。datetimeモジュールには以下の表に示すような機能があります。例えば今日の日付を取得するには、datetime.dateのtoday()メソッドを使用します。このモジュールにも非常に多くの機能があるので、より

詳しく知りたい場合は、標準ライブラリのドキュメントの「datetime — 基本的な日付型および時間型（https://docs.python.org/ja/3/library/datetime.html）」を参照してください。

▶ datetimeモジュールの代表的なデータ型

名前	内容
date	日付を扱う
time	時刻を扱う
datetime	日付と時刻を扱う

▶ today()メソッドの使用例

```
from_datetime_import_date ········· datetimeモジュールのdateをimportする


today_=_date.today() ·············· 今日の日付を取得する
print(today) ······················ 「2020-05-11」といった形式で日付が表示される
```

現在日時を取得する

現在日時を取得するには、datetime.datetimeの now()メソッドを使用します。today()は年月日だけ でしたが、それに時分秒とマイクロ秒までが取得で きます。

▶ now()メソッドの使用例

```
from_datetime_import_datetime

now_=_datetime.now() ……現在の日時を取得する
print(now) …「2020-05-11 16:22:21.463932」の形式で日時が表示される
```

任意の日付を取得する

任意の日付を取得するには、datetime.date()の引数に年月日を指定します。

▶ date()メソッドの使用例

```
from_datetime_import_date

day_=_date(2020,_1,_1) …・2020年1月1日の日付を作成する
```

曜日を取得する

日付データに対してweekday()メソッドを実行すると 曜日の値が取得できます。曜日は数値で月曜日を0、 火曜日を1、水曜日を2……日曜日を6として返します。

▶ weekday()メソッドの使用例

```
from_datetime_import_date

day_=_date(2020,_1,_1) ………………2020年1月1日の日付を作成する
print(day.weekday()) …………………2(水曜日)が表示される
weekday_str_=_'月火水木金土日' …………曜日の文字列を定義
print(weekday_str[day.weekday()]) ・…「水」が表示される
```

● 日時を扱うコマンドを追加する

1 datetimeモジュールを使ったコマンドを作成する   pybot_datetime.py

datetimeモジュール❶を使用したコマンドを実現する関数を作成します。今回作成するのは「今日の日付を返すコマンド」「現在の日時を返すコマンド」「指定した日の曜日を返すコマンド」のための3つの関数です。「pybot_datetime.py」というファイルにプログラムを書きます。

今日の日付を返すtoday_command()関数❷と、現在日時を返すnow_command()関数❸は、それぞれメソッドの結果を文字列にして返すだけなのでそう複雑ではありません。曜日を返すweekday_command()関数は少し複雑です。「曜日 2017 1 1」の形でコマンドを受け取ることを想定しているので、最初にコマンドの文字列を分割して年月日を数値に変換し、その後date()で日付データを生成します❹。次に、曜日の順番を weekday()メソッドで取得し、曜日の文字列を生成します❺。

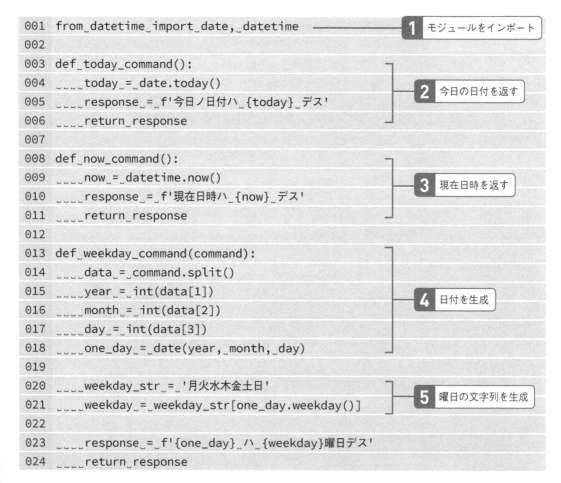

```
001  from_datetime_import_date,_datetime          1  モジュールをインポート
002
003  def_today_command():
004  ____today_=_date.today()
005  ____response_=_f'今日ノ日付ハ_{today}_デス'     2  今日の日付を返す
006  ____return_response
007
008  def_now_command():
009  ____now_=_datetime.now()
010  ____response_=_f'現在日時ハ_{now}_デス'          3  現在日時を返す
011  ____return_response
012
013  def_weekday_command(command):
014  ____data_=_command.split()
015  ____year_=_int(data[1])
016  ____month_=_int(data[2])                        4  日付を生成
017  ____day_=_int(data[3])
018  ____one_day_=_date(year,_month,_day)
019
020  ____weekday_str_=_'月火水木金土日'              5  曜日の文字列を生成
021  ____weekday_=_weekday_str[one_day.weekday()]
022
023  ____response_=_f'{one_day}_ハ_{weekday}曜日デス'
024  ____return_response
```

2 コマンドをimportして使用する pybot.py

pybot_datetime.pyをインポートして3つのコマンドを追加します。プログラムの先頭部分にimport文を追加します①。

```
001  from_pybot_eto_import_eto_command
002  from_pybot_random_import_choice_command,_dice_command
003  from_pybot_datetime_import_today_command,_now_command,_weekday_
     command
```

1 import文を追加

3 コマンドを実行する

pybotの実際の処理を行うwhileループの中に、各コマンド用のif文と関数を呼ぶ処理を追加します。「今日」のキーワードがある場合には、today_command()を実行します①。「現在」のキーワードが

ある場合には、now_command()を実行します②。「曜日」のキーワードがある場合には、weekday_command()を実行します②。

```
052  ____if_'さいころ'_in_command:
053  _____response_=_dice_command()
054  ____if_'今日'_in_command:
055  _____response_=_today_command()
056  ____if_'現在'_in_command:
057  _____response_=_now_command()
058  ____if_'曜日'_in_command:
059  _____response_=_weekday_command(command)
060
```

1 今日の日付コマンドを追加
2 現在日時コマンドを追加
3 曜日コマンドを追加

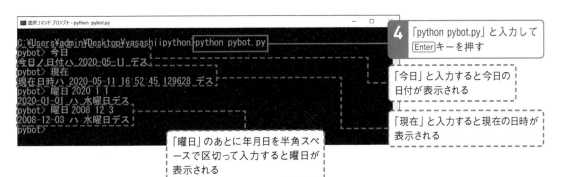

4 「python pybot.py」と入力して Enter キーを押す

「今日」と入力すると今日の日付が表示される

「現在」と入力すると現在の日時が表示される

「曜日」のあとに年月日を半角スペースで区切って入力すると曜日が表示される

Lesson 42 ［スライス］
リスト、タプル、文字列から まとめてデータを取り出しましょう

このレッスンの
ポイント

> randomモジュールを使った「選ぶ」コマンドでは「選ぶ」というコマンド自体も抽出の対象になっていました。対象とする範囲を絞り込むには、スライスという機能を使います。インデックス指定と似た書き方で、リストなどから指定した範囲を取り出せます。

→ インデックス指定では1つのデータしか取り出せない

Lesson 40で追加した「選ぶ」コマンドでは、「選ぶ カレー ラーメン」と書いた場合に「選ぶ」という言葉自体もランダムに選択される対象となることには気づいていたでしょうか？ 「選ぶ」というキーワードをランダムに選択する対象からはずす必要があります。Pythonには「リストのインデックスが1から最後まで」を取り出すといったときに便利なスライスと

いう機能があります。ここではその使い方を学びましょう。

スライスの説明の前に、Chapter 3で説明した、インデックスによる値の取り出し方をおさらいしておきましょう。先頭のインデックスが0とした順番を指定すると、リスト、タプル、文字列などから特定の値を取得できるのでしたね。

▶ インデックス指定による値の取り出し

```
eto_list_=_['子',_'丑',_'寅',_'卯',_'辰',_'巳',_'午',_'未',_'申',_'酉',_'戌
',_'亥']
print(eto_list[0]) ························· インデックス0の要素の「子」が表示される
print(eto_list[1]) ························· 「丑」が表示される
print(eto_list[11]) ························ 「亥」が表示される


blood_type_=_('A',_'B',_'O',_'AB') ···· 血液型のタプルを定義
print(blood_type[3)) ··················· 「AB」が表示される


weekday_text_=_'月火水木金土日'
print(weekday_text[1]) ················· 「火」が表示される
```

スライスを使って範囲内のデータを取り出す

スライスは、文字列、リスト、タプルなどの連続したデータから、まとまった範囲のデータを取り出す方法です。角カッコの中に[開始位置:終了位置]の形式でインデックスを指定します。取り出されるのは、終了位置の1つ前までという点に注意してください。

なお、開始位置と終了位置は省略が可能で、省略時は、最初からまたは最後までが取り出されます。リストからスライスで値を取り出すと、取り出した値もリストとなります。

▶ スライスの書き方

変数　開始位置　コロン　終了位置

▶ スライスの実行例

eto_list_=_['子',_'丑',_'寅',_'卯',_'辰',_'巳',_'午',_'未',_'申',_'酉',_'戌',_'亥']

slice1_=_eto_list[2:5] ···· ['寅',_'卯',_'辰']を取得する

slice2_=_eto_list[:4] ···· 0番目(子)から3番目(卯)までのリストを取得する

slice3_=_eto_list[6:] ···· 6番目(午)から最後(亥)までのリストを取得する

▶ スライス指定のイメージ

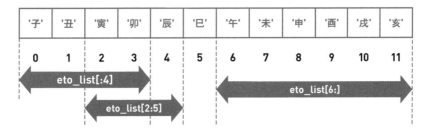

スライスは最初は少しわかりにくいかもしれません。図の矢印で示したところが、スライスでデータが取り出される範囲です。

→ タプルと文字列のスライス

スライスはタプル、文字列でも同じように指定できます。以下は、タプル、文字列へのスライスの実行例です。リストからスライスで取り出したものが

リストになるように、タプル、文字列から取り出したものもそれぞれ同じ型になります。

▶ タプルと文字列のスライスの実行例

```
blood_type_=_('A',_'B',_'O',_'AB')
slices_tuple_=_blood_type[1:3]・・・('B',_'O')というタプルを取得する
weekday_text_=_'月火水木金土日'
sliced_str_=_weekday_text[:5]・・・・'月火水木金'という文字列を取得する
```

→ 負のインデックスはうしろから数える

インデックス指定には負の整数も使用できます。-1と書くと最後の要素（eto_listの場合は亥）を指定したこととなり、-2はその前の戌、-3は酉となります。

当然、スライスでも負のインデックスが使用できます。

▶ 負のインデックスの実行例

```
eto_list_=_['子',_'丑',_'寅',_'卯',_'辰',_'巳',_'午',_'未',_'申',_'酉',_'戌
',_'亥']
last_eto_=_eto_list[-1]・・'亥'_を取得する
slice4_=_eto_list[-5:]・・・・うしろから5番目（未）から最後（亥）までのリストを取得する
slice5=_eto_list[:-7]・・・・・0番目（子）から-7番目の前（辰）までを取得する
slice6_=_eto_list[2:-2]・・・2番目（寅）から-2番目の前（酉）までを取得する
```

▶ 負のインデックスのスライス指定のイメージ

'子'	'丑'	'寅'	'卯'	'辰'	'巳'	'午'	'未'	'申'	'酉'	'戌'	'亥'
0	1	2	3	4	5	6	7	8	9	10	11
-12	-11	-10	-9	-8	-7	-6	-5	-4	-3	-2	-1

インデックス ← 0行目
負のインデックス ← 下行目

eto_list[:-7]
eto_list[-5:]
eto_list[2:-2]

スライスを利用する

1 「選ぶ」機能を修正する `pybot_random.py`

Lesson 40で作成したchoice_command()関数では、ランダムに選択する対象のリストに「選ぶ」という文字列も含まれていました。「選ぶ ラーメン カレー ハンバーグ」と入力されたときに、「選ぶ」を対象外とするためにスライスを使用します。書き替えたのは1

カ所だけで、random.choise()関数に文字列のリストを渡すときにスライスを使用して data[1:] としました。こう指定することにより、リストの1番目以降が random.choise()関数の対象となります①。

```
001  import random
002
003  def choice_command(command):
004      data = command.split()
005      choiced = random.choice(data[1:])
006      response = f'「{choiced}」ガ選バレマシタ'
007      return response
008
009  def dice_command():
010      num = random.randrange(1, 7)
011      response = f'「{num}」ガ出マシタ'
012      return response
```

1 リストの1番目以降を渡す

2 「python pybot.py」と入力して Enter キーを押す

選ぶコマンドで「選ぶ」が選択されないようになった

> スライスを使いこなすと、必要な範囲のデータを効率的に取り出せます。いろいろなスライスを指定して、感覚をつかんでみてください。

Lesson 43 [math]

数学関数を使って計算をしましょう

**このレッスンの
ポイント**

Python標準ライブラリの1つ、数学関数を提供する math モジュール
を紹介します。切り上げ／切り捨てなどの基本的な数値計算や、平方
根や三角関数など計算に必要なものが集まっています。すぐに使うこ
とがなくても存在は頭に入れておきましょう。

→ 計算に必要な機能が集まったmathモジュール

mathモジュールはPythonで三角関数、平方根、対
数関数などさまざまな数学関数を提供するモジュー
ルです。演算子を組み合わせた計算では実現が難
しい、複雑な計算を行うための関数を提供します。

詳細については標準ライブラリのドキュメントの
「math — 数学関数 (https://docs.python.org/ja/3/
library/math.html)」を参照してください。

▶ **主な数値計算用の関数**

関数	説明
cell(x)	x以上の最小の整数を返す
floor(x)	x以下の最大の整数を返す
gcd(a, b)	aとbの最大公約数を返す
factorial(x)	xの階乗を返す
pow(x, y)	xのy乗を返す
sqrt(x)	xの平方根を返す

▶ **主な三角関数、指数関数、対数関数**

関数	説明
sin(x)	x（ラジアン）の正弦を返す
cos(x)	x（ラジアン）の余弦を返す
tan(x)	x（ラジアン）の正接を返す
radians(x)	角xを度からラジアンに変換する
degrees(x)	角xをラジアンから度に変換する
exp(x)	e（自然対数の底）のx乗を返す
log(x)	xの自然対数を返す
log(x, base)	baseを底としたxの対数を返す

→ mathモジュールを使う

mathモジュールが提供する関数を使用してみます。
以下は切り上げや切り捨て、平方根などの計算をしています。

```
import_math

math.ceil(1.1) ··············2を返す
math.floor(1.1) ············1を返す
math.ceil(-1.1) ···········-1を返す
math.floor(-1.1) ···········-2を返す

math.pow(2,_5) ············32.0を返す
math.factorial(10) ········3628800を返す
math.sqrt(2) ··············2の平方根1.4142135623730951を返す
math.sqrt(123454321) ·····11111.0を返す
```

→ 平方根コマンドの例

平方根コマンドを作成したプログラムの例です。コマンドから数値を取得してmath.sqrt()を実行し、その結果を返します。

```
import_math

def_sqrt_command(command):
____sqrt,_number_str_=_command.split()
____x_=_int(number_str)
____sqrt_x_=_math.sqrt(x)
____response_=_f'{x}_ノ平方根ハ_{sqrt_x}_デス'
____return_response
```

mathモジュールを利用して、平方根を出力するコマンドや、三角関数の計算をするコマンドなどを作成してみましょう。

Lesson 44 ［エラーと例外］
プログラムのエラーに 対応しましょう

このレッスンの
ポイント

プログラムを作成して実行すると、予期せぬエラーが発生して終了することがあります。エラーメッセージを読むとどのように対処すればよいかがわかります。ここではエラーの種類、エラーメッセージの読み方について学びましょう。

→ プログラムを実行できない「構文エラー」

Pythonのエラーには構文エラーと実行時エラー（例外）の二種類があります。構文エラーはPythonのプログラムの書き方が間違っているときに発生するエラーです。構文エラーは構造を表すインデントを間違えていたり、for文のコロンなどが抜けていたりすると発生します。以下のように構文エラーが存在す

るプログラムを syntax_error.py という名前で保存して実行します。すると、以下のように一般的な構文エラーを意味するSyntaxErrorが発生し、エラーの位置、内容を示します。主な構文エラーには、インデントが正しくないときに発生するIndentationErrorがあります。

▶ 構文エラーが発生するPythonプログラム

```
eto_list = ['子', '丑', '寅', '卯', '辰', '巳', '午', '未', '申', '酉', '戌', '亥']
for eto in eto_list ···· for文のコロンが抜けている
    print(eto)
```

▶ 実行するとSyntaxErrorが発生する

```
> python syntax_error.py
  File "syntax_error.py", line 2 ··· ファイルの何行目がエラーかを示すメッセージ
    for eto in eto_list
                       ^ ········ 上の文のエラーの位置を示す
SyntaxError: invalid syntax ··· エラーの内容は「構文エラー: 無効な構文」という意味
```

構文エラーがあるとそもそも
プログラムが実行できません。

▶ IndentationErrorが発生するPythonプログラム

```
eto_list_=_['子',_'丑',_'寅',_'卯',_'辰',_'巳',_'午',_'未',_'申',_'酉',_'戌
',_'亥']
for_eto_in_eto_list:
print(eto) ・・・ インデントがされていない
```

▶ 実行するとIndentationErrorが発生する

```
>_python_indentation_error.py_
__File_"indentation_error.py",_line_3 ・・・・・・・・・・・ファイルの3行目がエラー
____print(eto)
____^
IndentationError:_expected_an_indented_block
                      ・・・・・・・・・・・・・・・・インデントが正しくないことを示すエラー
```

➔ プログラムの実行時に発生する「例外」

例外はPythonプログラムの構文としては正しくても、実行時に発生するエラーのことをいいます。次のプログラムは構文としては正しいのですが、print()関数で変数名を間違えて書いているため、NameErrorが発生します。エラーメッセージを読むことで、変数名が正しくないことに気づけます。

▶ 例外が発生するPythonプログラム

```
eto_list_=_['子',_'丑',_'寅',_'卯',_'辰',_'巳',_'午',_'未',_'申',_'酉',_'戌
',_'亥']
for_eto_in_eto_list:
____print(etoo) ・・・ 変数名を間違えている
```

▶ 実行するとNameErrorが発生する

```
>_python_name_error.py
Traceback_(most_recent_call_last):
__File_"name_error.py",_line_3,_in_<module> ・・・ ファイルの3行目がエラー
____print(etoo)
NameError:_name_'etoo'_is_not_defined ・・・・・「etoo_という変数名がない」という意味
```

さまざまな例外を知っておこう

プログラム実行時に発生する主な例外とその意味をまとめます。例外の一覧は公式ドキュメントの「組み込み例外（https://docs.python.org/ja/3/library/exceptions.html）」を参照してください。例外の意味がわかると、プログラムのどこに問題があり、ど

のように対処すべきかがわかります。例外が発生したときの出力を見てみると、似たような表示形式になっていると思います。この出力をPythonではTraceback（トレースバック）といいます。

▶ 主な例外の一覧

名前	意味
NameError	指定された名前の変数が見つからない
ZeroDivisionError	0で割り算をしようとした
IndexError	リストなどで添字が範囲外
KeyError	指定したキーが辞書に存在しない
TypeError	データの型が正しくない
ValueError	型は正しいが値が適切でない
FileNotFoundError	ファイルが存在しない

▶ 例外が発生するプログラムの例

```
1 / 0 ························ ZeroDivisionErrorが発生する
dummy_list = ['子', '丑']
dummy_list[2] ··············· IndexErrorが発生する
dummy_dict = {'firstname': 'Takanori'}
dummy_dict['lastname'] ····· KeyErrorが発生する
1 + '1' ····················· TypeErrorが発生する
int('a') ···················· ValueErrorが発生する
open('foo.txt') ············· ファイルが存在しないとFileNotFoundErrorが発生する
```

Tracebackにはエラーに対処するための情報が含まれています。エラーメッセージに慣れて、エラーの発生した場所、種類、内容を読み取りましょう。

Tracebackの読み方

例外が発生したときに出力されるTracebackを読むと、プログラムのどこで問題が発生したのかがわかります。下記のプログラムはmain()関数の内部でsub()関数が呼ばれ、sub()関数の中でint('元年')と実行しているため数値変換に失敗して例外が発生します。

Tracebackにはどのファイルの、何行目で例外が発生したかが記述されています。また、関数の呼び出しなどがあった場合には、どこでどのように関数が呼び出されて例外が発生したかも記述されています。

▶ **例外が発生するプログラムの例**（traceback_sample.py）

```
def sub():
    return int('元年') ····· 例外が発生する


def main():
    return sub() ··········· sub()関数を実行


main() ····················· main()関数を実行
```

▶ **Tracebackの例**

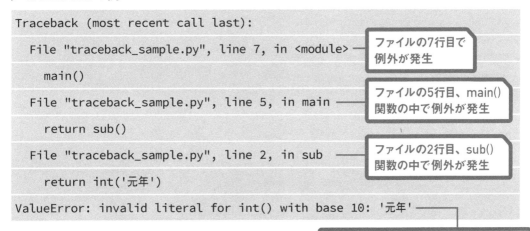

```
Traceback (most recent call last):
  File "traceback_sample.py", line 7, in <module>
    main()
  File "traceback_sample.py", line 5, in main
    return sub()
  File "traceback_sample.py", line 2, in sub
    return int('元年')
ValueError: invalid literal for int() with base 10: '元年'
```

ファイルの7行目で例外が発生

ファイルの5行目、main()関数の中で例外が発生

ファイルの2行目、sub()関数の中で例外が発生

ValueError が発生し、int()関数に数値を表す文字列が渡っていないことを示す

例外の発生に強い
プログラムにしましょう

**このレッスンの
ポイント**

Lesson 36〜37で作成した和暦を計算する機能は西暦をint()関数で
整数に変換しますが、間違えて数字以外の文字列を入力した場合はプ
ログラムが終了してしまいます。ここでは例外処理を学んで、想定外
のエラーが発生したときに適切な処理が行われるようにしましょう。

→ 例外が発生するとプログラムは終了する

pybotに「和暦 元年」と入力した場合の流れを追っ
てみましょう。入力した文字列 (command) には「和
暦」が含まれているので、Lesson 37で作成した
wareki_command()関数が実行されます。
コマンドの中で文字列をsplit()メソッドで分割し、

year_str変数には「元年」が入ります。int()関数でこ
の値を整数に変換しようとしますが、「元年」は数字
の文字列ではないためにValueErrorが発生します。
例外が発生すると、すべての処理を抜けてプログラ
ムが終了します。

▶ **和暦コマンドで例外が発生する流れ**

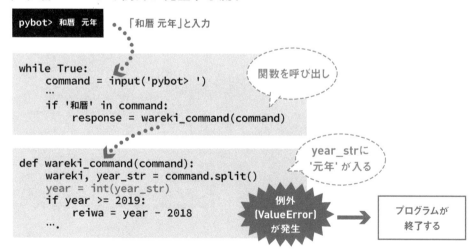

▶ 発生したValueError

数字以外が入力されたために
例外が発生してプログラムが
終了する

例外処理とは

wareki_command()関数に「和暦 元年」が渡された
ときに、プログラムを終了せずに、「数値を入力して
ください」といったようなエラーメッセージを返した
ほうが親切です。このような「例外が発生したらエ
ラーメッセージを返す」といった処理をすることを
例外処理といいます。

▶ 例外処理のイメージ

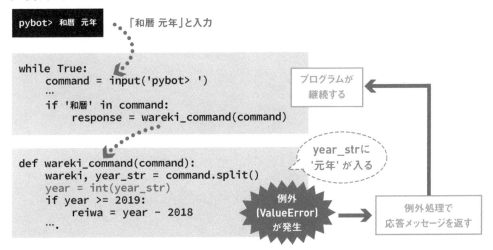

例外処理によって、例外発生
時に処理が中断されないプロ
グラムを作成しましょう。

例外処理はtry文を使って書く

例外処理はtry文を使って書きます。下記のプログラムは入力された文字列を数値に変換して、令和何年かを出力しています。このプログラムを例に例外処理について説明します。まずtry節（tryキーワードとexceptキーワードの間の部分）のプログラムを実行します。実行中に例外が発生しなかった場合は、except節をスキップしてtry文の実行を終了します。try節の中で例外が発生した場合は、exceptキーワードに対応する例外が指定されているかを確認します。存在する場合（この場合はValueError）は、except節を実行してtry文の実行を終了します。except節に対応する例外が指定されていない場合は、エラーメッセージを出力してプログラムを終了します。

▶ try文の例

```
try:
    year_str = input()………………ここからtry節
    year = int(year_str)
    reiwa = year - 2018
    print('令和', reiwa, '年')……ここまでtry節
except ValueError:
    print('数値ヲ指定シテクダサイ')…ここからexcept節
```

```
try:
    year_str = input()
    year = int(year_str)
    reiwa = year - 2018
    print('令和', reiwa, '年')
except ValueError:
    print('数値ヲ指定シテクダサイ')
```

ValueErrorが発生するとexcept節へ進む

エラーがなければそのまま終了

例外が発生したとき／しないときの処理の流れは少しわかりにくいと思います。例外の発生するプログラムを動かしてみて、処理の流れをつかみましょう。

和暦機能の例外処理をする

1 和暦コマンドを改良する　`pybot.py`

wareki_command()関数に数値以外が入力されたときの例外処理を追加します。tryキーワードを追加し、int()関数の処理からresponseを返す前までをtry節にします❶。exceptキーワードでValueErrorを指定し、数値以外が指定された場合は応答メッセージにエラーを示す文字列を指定して返します❻。

```
011  def_wareki_command(command):
012  ____wareki,_year_str_=_command.split()
013  ____try:                                          ┌ 1 tryキーワードを追加
014  _____year = int(year_str)                      ┌ 2 令和の範囲か
015  _____if_year_>=_2019:
016  _____reiwa_=_year_-_2018                    ─ 3 令和の年を計算
017  _____response_=_f'西暦{year}年ハ、令和{reiwa}年デス'
018  _____elif_year_>=_1989:                         ─ 4 平成も同様に計算
019  _____heisei_=_year_-_1988
020  _____response_=_f'西暦{year}年ハ、平成{heisei}年デス'
021  _____else:                                      ─ 5 平成より前の場合
022  _____response_=_f'西暦{year}年ハ、平成ヨリ前デス'
023  ____except_ValueError:                             ─ 6 exceptキーワードを追加
024  _____response_=_'数値ヲ指定シテクダサイ'
025  ____return_response
```

2 pybotを実行する

和暦コマンドで数値以外を指定した場合にエラーメッセージを返すようになりました❶。

他のコマンドも例外処理を追加して、例外発生時にエラーメッセージを返すようにしましょう。

1 「和暦 元年」と入力して Enter キーを押す

「数値ヲ指定シテクダサイ」と表示された

Lesson

46

[例外処理の使いこなし]

例外処理を使いこなしましょう

**このレッスンの
ポイント**

Lesson 45で例外処理について学びましたが、例外処理は対応する範囲と例外の種類を適切にしないと、発生したエラーがわからなくなるなどの問題があります。また、事前にチェックできるエラーケースはif文などで対処しましょう。

→ 想定されるエラーケースは事前にチェックする

Lesson 45ではtry~exceptで例外を処理する方法を解説しました。しかし、実行時のエラーを何でもtry~exceptで処理することはおすすめしません。開発時点で想定可能な実行時のエラーはif文などで先にチェックして回避すべきです。

文字列が数値のみかどうかはisdigit()メソッドで確認できます。和暦コマンドの場合はisdigit()メソッドを使用すると、以下のように書き替えられます。あらかじめ想定できるエラーケースは、事前にチェックするif文を書くと、どういうエラーケースを想定しているプログラムかわかりやすくなります。

▶ 例外処理の場合

```
year_str = input() ·····················「2020」または「元年」と入力する
try:
    year = int(year_str) ··············ここからtry節
    reiwa = year - 2018
    print('令和', reiwa, '年') ·········ここまでtry節
except ValueError:
    print('数値ヲ指定シテクダサイ') ········ここからexcept節
```

▶ if文で値をチェックする場合

```
year_str_=_input()‥‥‥‥「2020」または「元年」と入力する
if_year_str.isdigit():‥‥文字列が数値に変換可能かを確認
____year_=_int(year_str)
____reiwa_=_year_-_2018
____print('令和', reiwa,_'年')
else:
____print('数値ヲ指定シテクダサイ')
```

� エラーの種類ごとに処理を分ける

1つのプログラムの中で複数種類のエラーが発生する場合に、種類ごとに出力するメッセージを変えたいとします。その場合にはexceptキーワードを複数書くことで、切り分けができます。

以下はファイル (pybot.txt) を開いて、その中身を数値に変換しています。このプログラムではファイルが存在しない場合にはFileNotFoundErrorが発生し、ファイルの中身が数字の文字列でない場合にはValueErrorが発生します。それぞれ対応するexceptキーワードでエラーを受け取り、適切なエラーメッセージを表示します。

▶ 複数種類の例外に対応する

```
try:
____f_=_open('pybot.txt')
                ‥‥‥‥‥‥ファイルが存在しないとFileNotFoundErrorが発生する
____text_=_f.read()
____f.close()
____num_=_int(text)‥‥‥‥‥‥‥‥‥変換に失敗するとValueErrorが発生する
____print(num)
except_FileNotFoundError:
____print('ファイルガ存在シマセン')
except_ValueError:
____print('数値ヲ指定シテクダサイ')
```

複数種類の例外が発生する可能性がある場合は、例外の種類で処理を分けましょう。

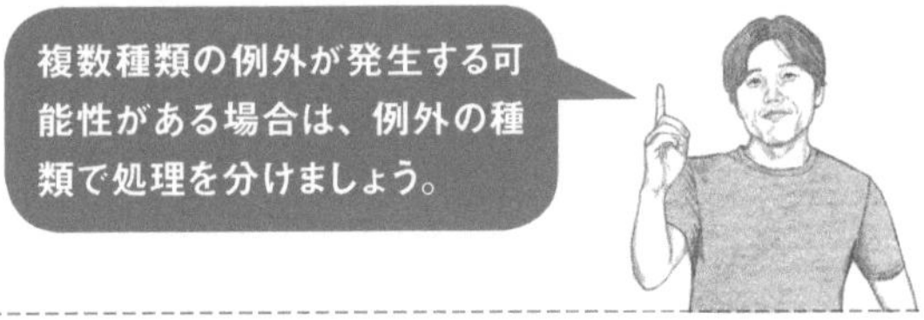

● 和暦機能と曜日機能に例外処理を追加する

1 和暦コマンドで数値を事前にチェックをする `pybot.py`

wareki_command()関数に数値以外が入力されたときに例外処理ではなく事前にチェックするように書き替えます。Lesson 45で追加したtry文を削除し、

isdigit()メソッドを使用して文字列が数値に変換可能かどうかをチェックします❶。exceptキーワードを書いた部分はelse文に変更します❷。

```
011  def_wareki_command(command):
012  ____wareki,_year_str_=_command.split()
013  ____if_year_str.isdigit():
014  _____year = int(year_str)
015  _____if_year_>=_2019:
016  _____reiwa_=_year_-_2018
017  _____response_=_f'西暦{year}年ハ、令和{reiwa}年デス'
018  _____elif_year_>=_1989:
019  _____heisei_=_year_-_1988
020  _____response_=_f'西暦{year}年ハ、平成{heisei}年デス'
021  _____else:__
022  _____response_=_f'西暦{year}年ハ、平成ヨリ前デス'
023  ____else:
024  _____response_=_'数値ヲ指定シテクダサイ'
025  ____return_response
```

1 数値に変換可能か確認

2 令和の範囲か

3 令和の年を計算

4 平成も同様に計算

5 平成より前の場合

6 exceptキーワードをelse文に変更

2 曜日コマンドで複数の例外に対応する `pybot_datetime.py`

Lesson 41で追加したweekday_command()関数の曜日コマンドは、年月日を入力すると曜日を教えてくれるコマンドです。このコマンドでは複数の例外の発生が考えられるので、複数のexcept節を追加しましょう。まず、コマンド全体を try で囲みます❶❷。

「曜日 2020 5」と入力すると日付が指定されていないためIndexErrorが発生します❸。「曜日 あ い う」のように数値を指定しなかったり、「曜日 2020 2 30」とありえない日付を指定したりするとValueErrorが発生します❹。

```
013  def_weekday_command(command):
014  ____try:                                    ┌─[1] tryキーワードを追加
015  _____data_=_command.split()
016  _____year_=_int(data[1])
017  _____month_=_int(data[2])
018  _____day_=_int(data[3])                   ─[2] インデントを増やす
019  _____one_day_=_date(year,_month,_day)
020
021  _____weekday_str_=_'月火水木金土日'
022  _____weekday_=_weekday_str[one_day.weekday()]
023
024  _____response_=_f'{one_day} ハ {weekday}曜日デス'
025  ____except_IndexError:                       ─[3] IndexErrorに対応
026  _____response_=_'3ツノ値(年月日)ヲ指定シテクダサイ'
027  ____except_ValueError:                       ─[4] ValueErrorに対応
028  _____response_=_'正シイ日付ヲ指定シテクダサイ'
029  ____return_response
```

3 pybotを実行する

和暦コマンドは以前と同じ結果を返します。曜日コ
マンドは複数の例外に対応して、それぞれ適切なエ
ラーメッセージを返すようになりました。

```
■ コマンド プロンプト - python pybot.py                    -  □  ×

C:\Users\admin\Desktop\yasashiipython>python pybot.py
pybot> 和暦 元年
数値ヲ指定シテクダサイ                                    ┆ 和暦コマンドでエラーメ
pybot> 曜日 2020 5                                       ┆ ッセージを確認できる
3ツノ値(年月日)ヲ指定シテクダサイ
pybot> 曜日 2020 2 30
正シイ日付ヲ指定シテクダサイ                              ┆ 曜日コマンドでエラーメ
pybot> 曜日 2020 5 12                                    ┆ ッセージを確認できる
2020-05-12 ハ 火曜日デス
pybot> _
```

Lesson

47

［例外処理の使いこなし❷］

例外の内容を出力しましょう

このレッスンの
ポイント

プログラムはもちろん止まらないほうがいいのですが、例外が一切出ないよう隠すと別の問題が出てきます。例外処理の使いこなしとして、例外の内容を出力してどういう例外が発生しているのかをわかるようにする方法について学びましょう。

→ エラーを握りつぶさない

pybotでは、エラーが発生してもそのコマンドが失敗するだけで、プログラムが止まらずに次のコマンド入力に進むようにしたいとします。そのためには、以下のように全体をtry〜exceptで囲み、exceptキーワードに例外の種類を指定しないプログラムにします。これなら、どんな例外が発生してもexcept節

に進んで「予期せぬエラーが発生しました」というメッセージを出すだけで、プログラムが止まりません。しかし、このように書いてしまうとエラーの種類、原因がわからなくなるため、事前に回避すべきエラーにも対応できなくなります。

▶ すべての例外を握りつぶす例

```
while␣True:
␣␣␣␣try:
␣␣␣␣␣␣␣␣command␣=␣input('pybot␣>')
␣␣␣␣␣␣␣␣...  ·····································コマンド処理中にエラーが発生
␣␣␣␣...  ◀·········
␣␣␣␣except:  ·····································すべての例外を受け取る
␣␣␣␣␣␣␣␣print('予期せぬエラーが発生しました')···何のエラーが発生したかわからない
```

例外を握りつぶすとプログラムの重要な欠陥に気づけなくなります。このような例外処理は書かないようにしてください。

例外の内容を出力する

例外処理では、発生した例外の情報を取得できます。その場合にはasキーワードを指定すると発生した例外が変数に代入されます。なお、例外の種類とし

てExceptionを指定すると、すべての例外を受け取ります。次のプログラムのように書くと、例外の内容を出力できます。

▶ except〜asの書き方

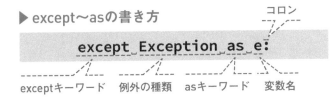

コロン

```
except Exception as e:
```

exceptキーワード　例外の種類　asキーワード　変数名

▶ 例外の内容を出力する

```
while True:
    try:
        command = input('pybot >')
        ...                       コマンド処理中にエラーが発生
    ...
    except Exception as e:
        print('予期せぬエラーが発生しました')
        print('* 種類:', type(e)) …例外の種類を表示する
        print('* 内容', e) …………例外の内容を表示する
```

開発中は Traceback をそのまま出力する

プログラムを開発しているときにはよくエラーが発生します。1つ前のプログラムで例外の種類と内容を表示していますが、発生した位置まではわからないため、プログラムを修正するための情報としては

不親切です。プログラムを開発しているときはTraceback をそのまま出力し、どのファイルの何行目でどんなエラーが発生したかを表示するほうが、効率的に原因調査ができます。

基本的にはTracebackをそのまま出力しましょう。どうしても全体の例外を受け取る場合は、その例外の種類を出力するようにして、握りつぶさないようにしましょう。

● pybot全体の例外処理をする

1 例外を出力するようにする `pybot.py`

コマンド処理を行うwhileループの中全体を
try~exceptで囲みます❶❷。何らかの例外が発生
したらexpceptキーワードで例外処理をするので、

例外の中身を出力します❸。こうすることにより、
例外が発生してもpybotプログラム自体の動作は
継続します。

```
040  while True:
041      command = input('pybot> ')
042      response = ""
043      try:                                          1 tryキーワードを追加
044          for message in bot_dict:
045              if message in command:
046                  response = bot_dict[message]
047                  break
048
049          if '和暦' in command:
050              response = wareki_command(command)
051          if '長さ' in command:
052              response = len_command(command)
053          if '干支' in command:
054              response = eto_command(command)
055          if '選ぶ' in command:
056              response = choice_command(command)    2 インデントを増やす
057          if 'さいころ' in command:
058              response = dice_command()
059          if '今日' in command:
060              response = today_command()
061          if '現在' in command:
062              response = now_command()
063          if '曜日' in command:
064              response = weekday_command(command)
065
066          if not response:
```

```
067 _____response_=_'何ヲ言ッテルカ、ワカラナイ'
068 _____print(response)
069
070 _____if_'さようなら'_in_command:
071 _____break
072 ____except_Exception_as_e:
073 _____print('予期セヌ_エラーガ_発生シマシタ')
074 _____print(f'*_種類:_{type(e)}')
075 _____print(f'*_内容:_{e}')
```

3 except キーワードを追加

2 | pybotを実行する

例として「選ぶコマンド」に選ぶ対象のキーワードが ないとき、「干支コマンド」に数値以外を指定して例 外を発生させます。これらの例外は事前に対処が 可能なので、それぞれのコマンドを実装した関数の 中で、適切なエラーメッセージを出力するように改 造しましょう。

```
■ コマンド プロンプト - python pybot.py                          ─  □  ×
C:¥Users¥admin¥Desktop¥yasashii python>python pybot.py
pybot> 選ぶ
予期セヌ エラーガ 発生シマシタ
* 種類: <class 'IndexError'>
* 内容: list index out of range
pybot> 干支 いのしし
予期セヌ エラーガ 発生シマシタ
* 種類: <class 'ValueError'>
* 内容: invalid literal for int() with base 10: 'いのしし'
pybot> 選ぶ カレー ラーメン うどん
「カレー」ガ選バレマシタ
pybot> _
```

選ぶコマンドと干支コマンドの
エラーメッセージが表示される

ここで Chapter 7は終了です。次はサ
ードパーティ製パッケージを利用して、
pybotにさらに新機能を加えます。

👍 ワンポイント 他の便利なライブラリを紹介

Chapter 7では標準ライブラリとしてrandom、mathとdatetimeを紹介しました。他にもPythonの標準ライブラリには便利なものがたくさんあります。

Pythonプログラムを書くときには自分ですべての処理を書かず、できるだけ標準ライブラリを使用しましょう。「複数のファイルをZip形式で」まとめて保存したい」と思ったときには、Pythonの公式ドキュメントを調べたり、検索サイトで「Python Zip 保存」などと検索してみましょう。ぜひライブラリの力を最大限に活かして、少ない労力で必要なプログラムを完成させましょう。以下に、よく使われている標準ライブラリをいくつか紹介します。

▶ よく使われている標準ライブラリ

名前	内容
re	郵便番号、メールアドレスなど特定の文字列を、パターン（正規表現）を指定して解析する
pathlib	ファイルとフォルダーの参照、検索、作成などさまざまな処理ができる
collections	カウンター、順番付きの辞書、名前付きのタプルなどさまざまなデータ型を提供する
zipfile	Zip圧縮されたファイルの読み書きができる
csv	CSV（カンマ区切りのテキスト）ファイルの読み書きができる
pdb	Pythonプログラムのデバッグをする際に便利な機能を提供する
logging	ログを出力するための各種機能を提供する

https://docs.python.org/ja/3/library/

標準ライブラリを上手に活用し、少ない労力でプログラムを作成しましょう。

Chapter

8

サードパーティ製パッケージを使いこなそう

Chapter 7ではPythonの標準ライブラリを使用してbotに機能を追加しました。Chapter 8ではインターネットに公開されている、便利なサードパーティ製パッケージを利用する方法について紹介します。

Lesson

48

[サードパーティ製パッケージ]

サードパーティ製パッケージとは何かを知りましょう

このレッスンの
ポイント

Pythonをより便利にするサードパーティ製パッケージの存在について学びましょう。インターネット上にパッケージを集めたサイトがあり、サイトからPCにパッケージをインストールする管理コマンドなども用意されています。

→ サードパーティ製パッケージとは

Pythonには標準ライブラリとしてさまざまな機能が提供されていることをChapter 7で解説しました。それ以外にも、企業、ユーザー、コミュニティなどが開発して公開しているサードパーティ製パッケージ

というものがあります。サードパーティ製パッケージの多くはインターネット上に公開されており、ライセンスの範囲で自由に利用できます。

▶ サードパーティ製パッケージをインターネットからダウンロードして活用

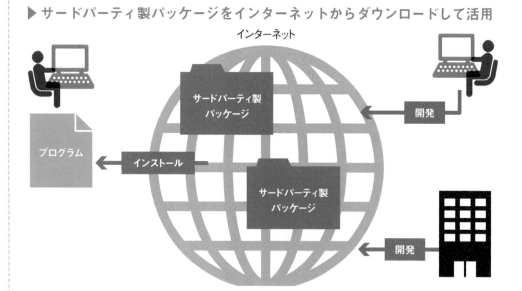

サードパーティ製パッケージの用途

サードパーティ製パッケージにはPython標準ライブラリの機能をさらに使いやすくしたものや、大規模なアプリケーションを作成するための枠組み（フレームワーク）を提供するもの、機械学習のためのライブラリなどさまざまなものがあります。以下にいくつかを例として紹介します。

▶ サードパーティ製パッケージの例

名前	読み方	内容
Requests	リクエスツ	HTTP通信ライブラリ
Django	ジャンゴ	Webアプリケーションを作成するためのフレームワーク
python-dateutil	デイトユーティル	Python標準のdatetimeを拡張するライブラリ
Pillow	ピロウ	画像処理ライブラリ
scikit-learn	サイキットラーン	機械学習ライブラリ
pandas	パンダス	データ分析ライブラリ

 ## PyPI: パッケージの共有サイト

これらのパッケージの情報はPyPI（パイピーアイ）というサイトで公開されています。検索ボックスにキーワードを入力し、自分が必要としている機能を提供するパッケージを探せます。

▶ PyPI: the Python Package Index

https://pypi.org/

Lesson 49 ［pipコマンド］
サードパーティ製パッケージをインストールしましょう

このレッスンの
ポイント

サードパーティ製のパッケージをインストールするpipコマンドは、Pythonと一緒にインストールされています。ここではその使い方を学びましょう。Webサービスとの通信機能を追加するrequestsパッケージをインストールしてみます。

→ パッケージを管理するpipコマンド

サードパーティ製パッケージをインストール／アンインストールするには、pipというコマンドを使用します。pipコマンドには、サードパーティ製パッケージを管理するための、以下のような機能が用意されています。なお、macOSではpip3コマンドを使用します。

▶ pipコマンドの主な機能

サブコマンド	働き
install	パッケージをインストールする
uninstall	パッケージをアンインストールする
list	インストール済みのパッケージの一覧を表示する

▶ pipコマンドの書き方

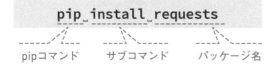

pipコマンド　　　サブコマンド　　　パッケージ名

pipコマンドはインターネットからパッケージをダウンロードし、インストールまでやってくれます。

requestsパッケージはWebサーバーと通信可能にする

今回インストールするrequestsパッケージは、PythonにHTTP通信を行うRequestsというライブラリを追加します。HTTPとは、インターネット上でWebページの情報をやりとりするための通信方式（プロトコル）のことです。普通はChromeやEdgeなどのWebブラウザーがHTTPの仕様にしたがったリクエスト（要求）を送り、それを受け取ったインターネット上のWebサーバーというコンピューターがレスポンス（応答）を返します。Requestsをインストールすると、Webブラウザーに代わってPythonがリクエストを送り、レスポンスを受け取れるようになります。実はPythonの標準ライブラリにもurllib.requestという同様の機能を提供するライブラリがあるのですが、Requestsはより直感的に操作ができるため、人気があります。詳しい使い方はLesson 51であらためて解説します。

▶ URLから情報を取得するイメージ

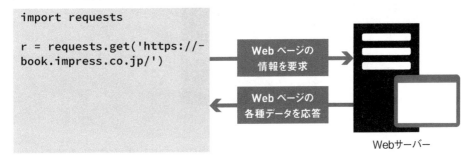

```
import requests

r = requests.get('https://-
book.impress.co.jp/')
```

Webページの
情報を要求

Webページの
各種データを応答

Webサーバー

▶ RequestsのWebサイト

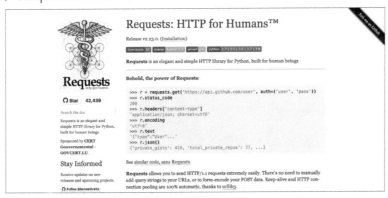

https://requests.readthedocs.io/

Requestsを使用すると、インターネットの情報を簡単に取得できます。

● サードパーティ製パッケージをインストールする

1 パッケージをインストールする

pipコマンドを使用して、サードパーティ製パッケージをインストールします。以下のコマンドをコマンドプロンプトで入力し、requestsパッケージをインストールします❶。コマンドを実行すると、requestsの

最新バージョン（執筆時点では2.23.0）をPyPIからダウンロードしてインストールします。 なお、requestsにはいくつか依存パッケージがあるため、それらのパッケージもまとめてインストールされます。

1 「pip install requests」と入力して[Enter]キーを押す

インストールが実行される

macOSでは「pip3 install requests」と入力

Point インストールコマンドの書き方

▶ installサブコマンド

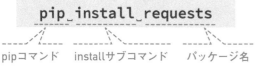

```
pip install requests
```

pipコマンド　　installサブコマンド　　パッケージ名

2 プログラムから使用できることを確認する

次のプログラムはrequestsを利用するサンプルです。「requests_sample.py」というファイル名で保存してください❶❷。requestsはURLを指定すると、指定したURLにアクセスして情報を取得できます。実行

するとアクセスした結果のコードを出力するので、正常にアクセスできていればコマンドプロンプトに200と表示されます❸。

▶ requests_sample.py

```
001  import␣requests
002
003  r␣=␣requests.get('https://book.impress.co.jp/')
004  print(r.status_code)
```

1 インプレスブックスのWeb
ページにアクセス

2 結果を表示

3 「python requests_sample.py」
と入力してEnterキーを押す

通信が成功すると
「200」と表示される

Webサイトにアクセスした結果を表す数値を「ステータス
コード」といいます。成功を表す「200」の他に、Webペー
ジが存在しないことを表す「404」などがあります。
https://ja.wikipedia.org/wiki/HTTPステータスコード

3 パッケージの一覧を確認する

pipコマンドを利用して、インストールされているパッ
ケージの一覧を確認します。listサブコマンドをコマ
ンドプロンプトで入力すると、requestsとその依存パ
ッケージがインストールされていることが確認できま
す❶。pipとsetuptoolsはパッケージ管理のために最
初からインストールされているものです。

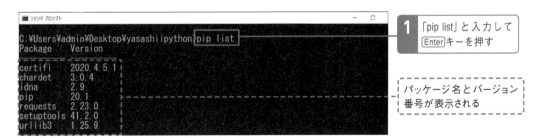

1 「pip list」と入力して
Enterキーを押す

パッケージ名とバージョン
番号が表示される

Point パッケージ一覧表示コマンドの書き方

▶ listサブコマンド

pipコマンド　　listサブコマンド

● サードパーティ製パッケージをアンインストールする

1 パッケージをアンインストールする

パッケージをアンインストールします。下記のコマンドを実行すると指定したパッケージをアンインストールします。依存パッケージは自動的にアンインストールされないため、アンインストールするすべて

のパッケージを指定する必要があります。アンインストール時は標準では確認メッセージが表示されますが、-yオプションを指定すると確認せずにパッケージを削除します。

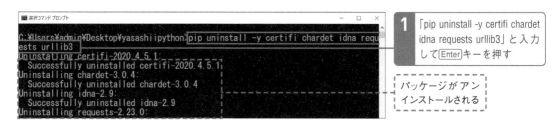

1 「pip uninstall -y certifi chardet idna requests urllib3」と入力して Enter キーを押す

パッケージがアンインストールされる

Point アンインストールコマンドの書き方

▶ uninstallサブコマンドの使い方

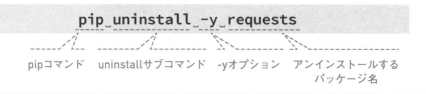

pipコマンド　uninstallサブコマンド　-yオプション　アンインストールする
パッケージ名

2 | プログラムから使用できなくなったことを確認する

パッケージをアンインストールしたあとでrequets_sample.pyを実行してみましょう。requestsが存在し

ないためModuleNotFoundErrorが発生して、プログラムが終了します。

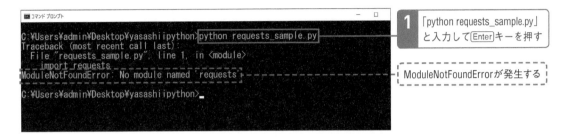

```
C:\Users\admin\Desktop\yasashiipython>python requests_sample.py
Traceback (most recent call last):
  File "requests_sample.py", line 1, in <module>
    import requests
ModuleNotFoundError: No module named 'requests'

C:\Users\admin\Desktop\yasashiipython>_
```

1 「python requests_sample.py」と入力して Enter キーを押す

ModuleNotFoundErrorが発生する

pipコマンドでパッケージのインストール、アンインストールができることを覚えましょう。

👍 ワンポイント サードパーティ製パッケージの見つけ方

標準ライブラリと同じようにサードパーティ製パッケージを活用すれば、自分で書くプログラムの量を削減できます。「Webページの情報を取得したい」という場合には、Requestsを使えば簡単にプログラムが作成できました。
サードパーティ製パッケージの見つけ方はいくつかあります。

▶ パッケージを探す方法
1. PyPIで検索をする
2. 検索エンジンで探す
3. 人に相談して教えてもらう

おすすめは検索サイトです。PyPIで検索してもいいのですが、検索語句をうまく指定しないと適切なものが見つかりません。Pythonに詳しい知り合いがいる人は、相談するのもおすすめです。
似た機能を提供したパッケージが複数見つかった場合には、どちらを使用すべきか迷います。

例えば、「PythonでWebの情報を取得するパッケージ」を検索した場合は、urllibとrequestsが見つかると思います。そういった場合は検索エンジンで「urllib requests どっち」「urllib vs requests」と検索してみましょう。パッケージを比較、紹介する記事などが見つかるので参考になると思います。

Lesson 50 ［仮想環境venv］

仮想環境を作成しましょう

**このレッスンの
ポイント**

パッケージをやみくもにインストールすると、バージョン違いでプログラムが動かなくなるなどの問題が発生することがあります。Pythonには安全にパッケージを管理するための仕組みとして、仮想環境が提供されています。

→ 仮想環境とは

皆さんは仮想環境と聞いてどういうものをイメージするでしょうか？　コンピューターの世界で仮想環境というと、WindowsやmacOSなどのOS（ホストOS）の上に、Linuxなどの別のOS（ゲストOS）の環境を作成することを思い浮かべる人も少なくないでしょう。

こういった仮想環境は、VMWareやVirtualBoxといった仮想環境ソフトを使用して実現します。仮想環境を利用することにより、サーバーでよく使われているLinuxなどのOSの環境を手元のPC上に構築して効率的に開発ができるという利点があります。

▶ 仮想環境のイメージ

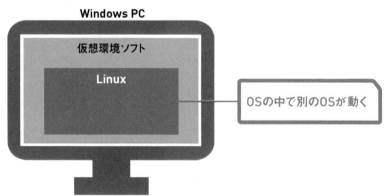

⊙ Pythonの仮想環境（venv）とは

Pythonにもvenv（ブイエンブ）という仮想環境を提供する機能がありますが、この仮想環境は先ほど説明した異なるOS環境を構築するものではありません。Pythonの仮想環境は、異なるバージョン、異なる種類のパッケージをインストールしたPython環境を独立して作成するためのものです。

▶ venvの仮想環境のイメージ

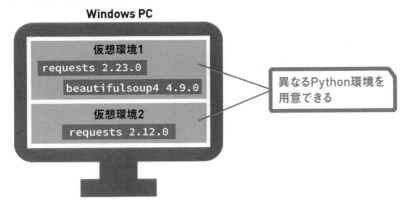

Windows PC

仮想環境1
`requests 2.23.0`
`beautifulsoup4 4.9.0`

仮想環境2
`requests 2.12.0`

異なるPython環境を用意できる

⊙ Pythonの仮想環境は何のためにあるのか

Pythonの仮想環境（venv）はどういった用途に使うべきでしょうか？　プログラムを開発する複数のプロジェクトに参加している場合、それぞれのプロジェクトで使用するパッケージは異なるでしょう。また、同じパッケージを使用していてもバージョンが異なる場合もあります。すべてのプロジェクトが最新バージョンのパッケージで動作することが理想です。しかし、小まめに保守されていないプログラムが最新のパッケージでは動作しないために、古いバージョンを使わざるをえないこともあります。

このような問題を避けるために、Pythonではプロジェクトごとに仮想環境を作成して、それぞれの環境に適切なバージョンのパッケージをインストールして使用します。

Pythonの仮想環境の必要性は理解できましたか？

● 仮想環境を作成してパッケージをインストールする

1 仮想環境を作成する

まずは仮想環境を作成します。仮想環境を作成するには python -m venv のあとに任意の環境名（ここでは env）を指定します。仮想環境を作成すると、現在のフォルダー内に仮想環境名のフォルダーが作成され、その中に仮想環境のためのファイルが生成されます。

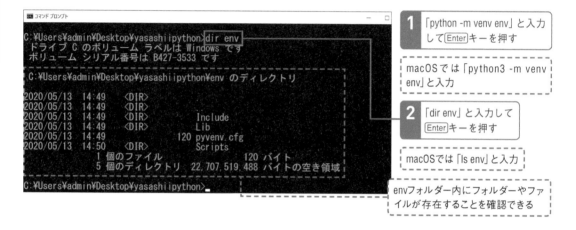

1 「python -m venv env」と入力して Enter キーを押す

macOSでは「python3 -m venv env」と入力

2 「dir env」と入力して Enter キーを押す

macOSでは「ls env」と入力

envフォルダー内にフォルダーやファイルが存在することを確認できる

Point -mオプションでモジュールを実行する

pythonコマンドに-mオプションを指定すると、そのあとに書いたモジュールを読み込んで実行することができます。この場合はvenvモジュールを読み込み、その中のプログラムを実行してenvという仮想環境が作られます。

python　-mオプション　venvモジュール　環境名

2 | 仮想環境を有効化する

仮想環境上で作業するには、「仮想環境の有効化」という操作をする必要があります。仮想環境を有効にするには、Windowsの場合はenv¥Scripts¥activate.batを実行します。WindowsのPowerShellの場合はenv¥Scripts¥Activate.ps1を実行します。macOSの場合は source env/bin/activate を実行します。仮想環境を有効化するとコマンドプロンプトが変更され、先頭に環境名（ここでは env）が表示されます。

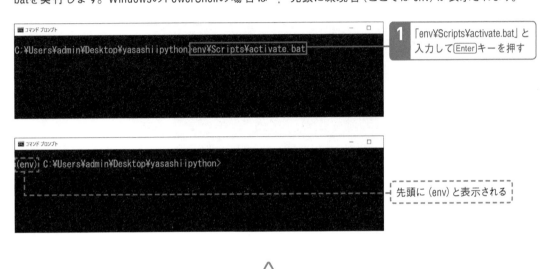

1 「env¥Scripts¥activate.bat」と入力して[Enter]キーを押す

先頭に (env) と表示される

Point activate.batって何？

「activate.bat」はバッチファイルと呼ばれる一種のプログラムです。先ほど実行したvenvモジュールによって、envフォルダー内のScriptsフォルダーの中に自動的に作成されています。「env¥Scripts¥activate.bat」と入力してそれを実行すると仮想環境が有効化されます。

3 仮想環境にパッケージをインストールする

サードパーティ製パッケージを仮想環境にインストールしてみましょう。インストール方法は先ほどと同じで「pip install パッケージ名」とpipコマンドを実行します。requestsパッケージがインストールされるので、先ほど作成したサンプルプログラムも正常に動作します。

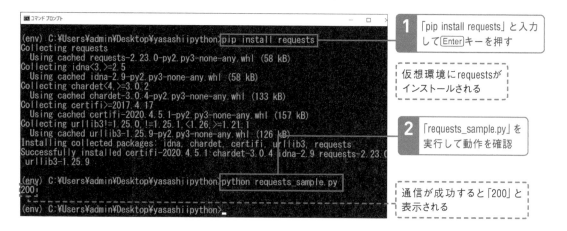

1 「pip install requests」と入力して[Enter]キーを押す

仮想環境にrequestsがインストールされる

2 「requests_sample.py」を実行して動作を確認

通信が成功すると「200」と表示される

4 仮想環境を無効化する

仮想環境を無効にして元の環境に戻ります。deactivateコマンドを実行して仮想環境を無効化すると、コマンドプロンプトが元に戻ります。

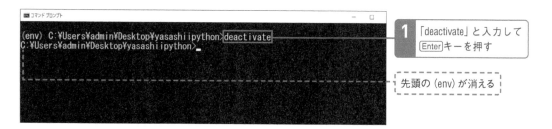

1 「deactivate」と入力して[Enter]キーを押す

先頭の (env) が消える

5 | プログラムを実行すると失敗する

仮想環境を無効化し、元の環境でサンプルプログラムを実行してみましょう。元の環境にはrequests

がインストールされていないため、ModuleNotFound Errorが発生します。

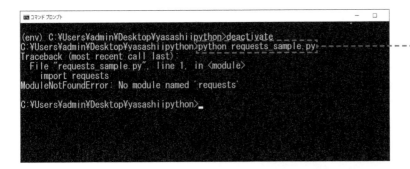

「requests_sample.py」を実行するとエラーが発生する

ここから先は、env仮想環境の中で作業します。コマンドプロンプトを見て、自分が今どの環境にいるのかを意識しましょう。

👍 ワンポイント お試しインストールにも仮想環境を使おう

Pythonの仮想環境の必要性については本文中で紹介しました。「複数のプロジェクトに参加し、使用するパッケージのバージョンが違うときに便利」という内容でした。Pythonの仮想環境は簡単に作成、削除ができるので、サードパーテ

ィ製パッケージを試してみる場合にも便利です。試用したパッケージを不要と判断した場合は、仮想環境（envフォルダー）ごと削除すればインストールしたパッケージごと削除されます。

▶ 仮想環境でパッケージを試す

```
C:¥>_python_-m_venv_env
C:¥>_env¥Scripts¥activate.bat
(env)_C:¥>_pip_install_requests ········· パッケージをインストール
(env)_C:¥>_python ····························· Pythonの対話モードを実行
>>>_import_requests
>>>_... ··········································· パッケージを試す
>>>_exit()
(env)_C:¥>_deactivate
C:¥>··············································· 不要ならenvフォルダーを削除
```

Lesson 51

[RequestsとWeb API]

Requestsパッケージを使って
イベント検索コマンドを作成しましょう

このレッスンの
ポイント

> venvモジュールを使用して仮想環境を作成できるようになりました。
> 続いて仮想環境にサードパーティ製パッケージのRequestsをインストー
> ルし、Web APIを利用してイベント情報を検索するコマンドをpybot
> に追加しましょう。

→ Requestsの関数を利用しよう

RequestsでURLを指定して、任意のWebページの情報を取得するには、get()関数を使用します。get()関数を実行するとWebサーバーから送信された各種データを保存したデータが返されます。
.status_codeにはWebサーバーからの応答のステータスコードが入っています。.textにはHTMLファイルが入っています。すべて表示すると長いのでここでは先頭130文字を出力しています。出力を見ると「いちばんやさしい教本」のページを正しく取得できているようです。

▶ 取得したWebページの情報を表示する例

```
import requests


r = requests.get('https://book.impress.co.jp/category/series/easybook/')
print(r.status_code) …… 200（正常終了を表すステータスコード）が表示される
print(r.text[:130]) …… HTMLの先頭130文字が表示される
```

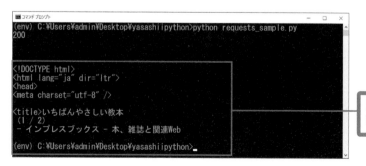

HTMLの先頭130文字を
表示

Web APIとは

プログラム同士がやりとりするためのインターフェースをAPI（Application Programming Interface）といいます。Web APIはインターネット上のサーバーとやりとりをするためのAPIです。Web APIはHTTP通信の仕組みを利用しており、問い合わせたい情報などを含めたURLをサーバーに送ると、Webページの情報と似た形で回答を受け取ることができます。つまり、PythonでもRequestsを使ってWeb APIを利用できます。

▶ Web APIでイベント情報を取得する

「イベント運営サービス」のWeb APIを実行する

実際にWeb APIを実行して、イベント情報を取得してみます。Web APIとして、19ページで紹介したconnpassが提供している「イベントサーチAPI」を使用します。Web APIのURLに以下のようにキーワードを指定すると、関連するイベント情報が取得できます。他にもイベント開催年月や検索結果の表示順などが指定できます。
APIで指定できる検索条件は「https://connpass.com/about/api/」に記載されています。

▶ イベント情報を取得するWeb APIのURLの形式

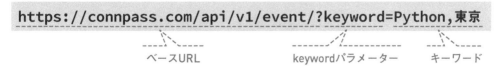

▶ connpass API リファレンス

https://connpass.com/about/api/

▶「イベントサーチAPI」から情報を取得するサンプルプログラム

```
import_requests

r_=_requests.get('https://connpass.com/api/v1/event/?keyword=Python,東京')
print(r.status_code) ······ 200（正常終了を表すステータスコード）が表示される
print(r.text[:100]) ········ レスポンスの先頭100文字が表示される
```

▶ プログラムの実行結果

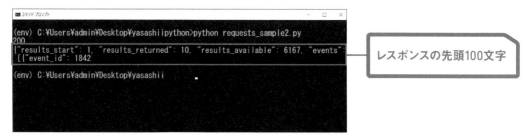

レスポンスの先頭100文字

URLが違うだけで、プログラムはWebページの情報を取得するときとまったく同じということがわかりますね。

結果はJSONフォーマットで返される

Web APIの実行結果を見てみると、応答として取得した内容がデータを表すプログラムのような文字列になっています。この文字列はJSON（ジェイソン：JavaScript Object Notation）フォーマットといい、Pythonでいう辞書やリストなどのデータをテキスト形式に変換する方法です。名前にJavaScriptとあるように、JavaScriptというプログラミング言語をベースにしたデータ形式ですが、インターネット上の情報のやりとりに広く用いられています。JSONフォーマットを使用することにより、異なるプログラミング言語の間でリストや文字列、数値などのデータを正しく渡すことができます。Requestsでは.json()メソッドでJSON形式の応答をPythonの辞書などのデータに変換して取得できます。

▶ JSONフォーマットでデータをやりとりする

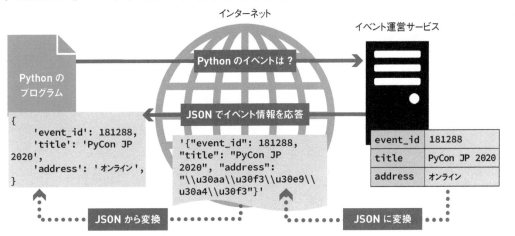

▶ .json()メソッドを利用してJSONフォーマットを変換する

```
import_requests


r_=_requests.get('https://connpass.com/api/v1/event/?keyword=Python,東京')
event_data_=_r.json() ····· JSONの応答を取得
```

→ レスポンスフィールドについて

イベントサーチAPIのレスポンスには、情報が階層構造化された辞書またはリスト形式で格納されています。以下にレスポンスの一部を抜き出しています。例えば最初のイベントのタイトルを取得するには event_data['events'][0]['title'] と指定します。

▶ レスポンスの一部

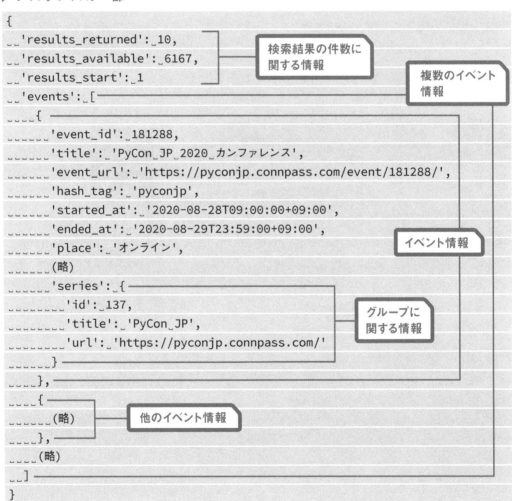

▶ データを取り出すプログラムの例

```
results_=_event_data['results_available'] ········· 検索結果の総件数を取得
title_=_event_data['events'][0]['title'] ········· 最初のイベントのタイトル
```

○ イベント検索コマンドを作成しよう

1 仮想環境を有効化する

Lesson 50で作成した仮想環境を有効化します。仮想環境を作成したフォルダーに移動し、Windowsではenv¥Scripts¥activate.batを、macOSではsource env/bin/activateを実行します。実行後にプロンプトの先頭に環境名（env）が表示されていることを確認します

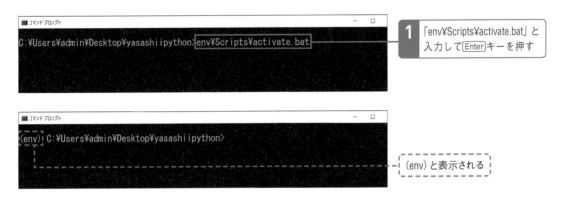

1 「env¥Scripts¥activate.bat」と入力してEnterキーを押す

（env）と表示される

2 イベント検索コマンドを作成する `pybot_event.py`

イベント検索コマンドを作成します。コマンドの文字列から検索条件となるキーワードを取得します❶。キーワード検索を行うイベントサーチAPIのURLを作成します❷。

requests.get()でイベントサーチAPIから情報を取得し、.json()メソッドでJSON形式からPythonの辞書形式に変換します❸。

```
001  import requests
002
003  def event_command(command):        1 キーワードを抜き出す
004      cmd, keyword = command.split()
005      base_url = 'https://connpass.com/api/v1/event/'
006      url = f'{base_url}?keyword={keyword}'   2 URLを作成
007      r = requests.get(url)
008      event_data = r.json()          3 イベント情報を取得
```

NEXT PAGE ➜

3 イベント情報の応答を作成　pybot_event.py

イベント情報には数多くのデータが含まれています。ここではイベント名❶、会場名❷、URL❸を取得します。

キーに指定する文字列については、222ページを参照してください。取得した情報から応答メッセージを作成してreturn文で返します❹。

```
007     r_=_requests.get(url)
008     event_data_=_r.json()
009
010     title_=_event_data['events'][0]['title']
011     place_=_event_data['events'][0]['place']
012     event_url_=_event_data['events'][0]['event_url']
013
014     response_=_f'「{title}」ノ会場ハ{place}デス({event_url})'
015     return_response
```

1 イベント名を取得

2 会場名を取得

3 URLを取得

4 結果を返す

4 イベント検索コマンドをimportする　pybot.py

pybot_event.pyをインポートしてコマンドを追加します。pybot.pyプログラムの先頭部分にimport文を追加します❶。

```
001 from_pybot_eto_import_eto_command
002 from_pybot_random_import_choice_command,_dice_command
003 from_pybot_datetime_import_today_command,_now_command,_weekday_command
004 from_pybot_event_import_event_command
```

1 import文を追加

5 ｜ イベント検索コマンドを追加する `pybot.py`

pybotの実際の処理を行うwhileループの中に、イベ　　追加します❶。
ント検索コマンド用のif文と関数を呼び出す処理を

```
040  while_True:
     ……中略……
063  _____if_'曜日'_in_command:
064  _____response_=_weekday_command(command)
065  _____if_'イベント'_in_command:
066  _____response_=_event_command(command)
```

1 イベント検索コマンドを追加

6 ｜ pybotを実行する

「python pybot.py」と入力してpybotを実行し❶、「イ　　ドにマッチしたイベント情報が1件表示されます❷。
ベント PyCon,2020」と入力してみましょう。キーワー

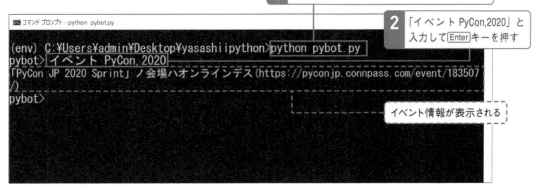

1 「python pybot.py」と入力して Enter キーを押す

2 「イベント PyCon,2020」と
入力して Enter キーを押す

イベント情報が表示される

イベント情報から開始終了日時や、複数
のイベント情報を取り出して、メッセージ
をカスタマイズしてみましょう。

Lesson 52

[Wikipedia API]
サードパーティ製パッケージで事典コマンドを作成しましょう

このレッスンの
ポイント

キーワードを入力したら、インターネット上の百科事典「Wikipedia」を
検索して、言葉の意味を教えてくれるコマンドを作成しましょう。
Wikipediaが提供するWeb APIは、PythonのWikipedia専用ライブラリ
を使って利用すると便利です。

→ Wikipediaとは

Wikipediaは誰でも編集できるフリーの百科事典
Webサイトです。さまざまなユーザーによる共同作
業によって情報が追加、編集されています。また、

Wikipediaは世界の各言語で展開されており、日本語、
英語以外にもさまざまな言語で百科事典を提供し
ています。

▶ Wikipedia

https://ja.wikipedia.org/

⊖ Wikipedia APIと専用のPythonパッケージ

WikipediaはWeb API（https://www.mediawiki.org/wiki/API:Main_page/ja）を提供しており、事典をキーワードで検索し、言葉の意味などを取得できます。WikipediaのWeb APIで取得した情報から、イベントサーチAPIと同じように必要な情報を取得すればいいのですが、PythonではWikipedia API用のパッケージ（https://pypi.python.org/pypi/wikipedia/）が公開されています。pip install wikipediaでパッケージをインストール後、以下のプログラムを実行すると、「Python」というキーワードにマッチするページの情報を取得して画面に表示します。

▶ Wikipediaパッケージを使用する

```
import wikipedia

wikipedia.set_lang('ja')············対象とする言語を日本語に設定する
page = wikipedia.page('Python')··指定したキーワードのページを取得
print(page.title)·················ページのタイトルを表示
print(page.summary)···············ページの要約を表示
```

```
(env) C:¥Users¥admin¥Desktop¥yasashiipython>python wikipedia_sample.py
Python
Python（パイソン）は、汎用のプログラミング言語である。コードがシンプルで扱いやすく設計されており、C言語などに比べて、さまざまなプログラムを分かりやすく、少ないコード行数で書けるといった特徴がある。

(env) C:¥Users¥admin¥Desktop¥yasashiipython>
```

ページのタイトルと要的を表示

⊖ 存在しないページを指定するとPageErrorが発生する

なお、指定したキーワードに対応するページが存在しない場合は、wikipedia.exceptions.PageErrorが発生します。

▶ PageErrorが発生した

```
(env) C:¥Users¥admin¥Desktop¥yasashiipython>python wikipedia_sample2.py
Traceback (most recent call last):
  File "C:¥Users¥admin¥Desktop¥yasashiipython¥env¥lib¥site-packages¥wikipedia¥wikipedia.py", line 272, in page
    title = suggestion or results[0]
IndexError: list index out of range

During handling of the above exception, another exception occurred:

Traceback (most recent call last):
  File "wikipedia_sample2.py", line 4, in <module>
    page = wikipedia.page('XXXXXXXXXXXXXXXXXXXXXXXXX')
  File "C:¥Users¥admin¥Desktop¥yasashiipython¥env¥lib¥site-packages¥wikipedia¥wikipedia.py", line 275, in page
    raise PageError(title)
wikipedia.exceptions.PageError: Page id "XXXXXXXXXXXXXXXXXXXXXXXXX" does not match any pages. Try another id!

(env) C:¥Users¥admin¥Desktop¥yasashiipython>
```

● 事典コマンドを作成する

1　仮想環境を有効化してパッケージをインストールする

Lesson 50と同様に仮想環境を有効化します。仮想環境を有効化したらプロンプトの先頭に環境名（env）が表示されていることを確認します。仮想環境上でpip install wikipediaを実行し、wikipediaライブラリをインストールします。なお、Wikipediaパッケージが依存するbeautifulsoup4、soupsieveというパッケージも合わせてインストールされます。

2　事典コマンドを作成する　pybot_wikipedia.py

新規ファイルの「pybot_wikipedia.py」を作成し、事典コマンドを作成します。wikipediaライブラリを使用するためにインポートします❶。コマンドの文字列から検索条件となるキーワードを取得します。コマンド部以外はすべてキーワードとするため、maxsplit引数を指定します❷。対象となるWikipediaの言語を日本語に設定します❸。

```
001  import wikipedia
002
003  def wikipedia_command(command):
004      cmd, keyword = command.split(maxsplit=1)
005      wikipedia.set_lang('ja')
```

1 ライブラリをインポート
2 キーワードを抜き出す
3 言語を指定

3 Wikipediaを検索して結果を生成

wikipedia.page()関数にキーワードを指定し、ページ
の情報を取得します❶。ページ情報からタイトルと
要約を取得して、応答メッセージを作成します❷。

キーワードに該当するページが存在しない場合は、
PageErrorが発生するので、例外処理でページが見
つからない旨を表すメッセージを返します❸。

```python
003  def wikipedia_command(command):
004      cmd, keyword = command.split(maxsplit=1)
005      wikipedia.set_lang('ja')
006      try:
007          page = wikipedia.page(keyword)          ── 1 ページを取得
008          title = page.title
009          summary = page.summary
010          response = f'タイトル: {title}\n{summary}'  ── 2 応答を生成
011      except wikipedia.exceptions.PageError:
012          response = f'「{keyword}」ノ意味ガ見ツカリマセンデシタ'
013      return response
```

3 ページが見つからない場合

4 事典コマンドをimportする `pybot.py`

pybot_wikipedia.pyをインポートしてコマンドを追加
します。プログラムの先頭部分にimport文を追加し
ます❶。

```python
001  from pybot_eto import eto_command
002  from pybot_random import choice_command, dice_command
003  from pybot_datetime import today_command, now_command, weekday_
     command
004  from pybot_event import event_command
005  from pybot_wikipedia import wikipedia_command          ── 1 import文を追加
```

5 | 事典コマンドを追加する `pybot.py`

pybotの実際の処理を行うwhileループの中に、事典コマンド用のif文と関数を呼び出す処理を追加します❶。インデントは他のif文と合わせるようにしてください。

```
041  while_True:
          ……中略……
066  _____if_'イベント'_in_command:
067  _____response_=_event_command(command)
068  _____if_'事典'_in_command:
069  _____response_=_wikipedia_command(command)
```

1 事典コマンドを追加

6 | pybotを実行する

「python pybot.py」と入力してpybotを実行し❶、「事典 検索したいキーワード」と入力してみましょう❷。Wikipediaでの検索結果が表示されます。

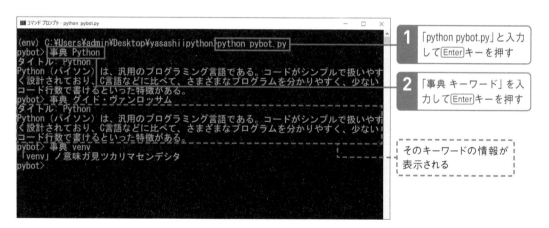

```
(env) C:¥Users¥admin¥Desktop¥yasashiipython>python pybot.py
pybot> 事典 Python
タイトル: Python
Python（パイソン）は、汎用のプログラミング言語である。コードがシンプルで扱いやすく設計されており、C言語などに比べて、さまざまなプログラムを分かりやすく、少ないコード行数で書けるといった特徴がある。
pybot> 事典 グイド・ヴァンロッサム
タイトル: Python
Python（パイソン）は、汎用のプログラミング言語である。コードがシンプルで扱いやすく設計されており、C言語などに比べて、さまざまなプログラムを分かりやすく、少ないコード行数で書けるといった特徴がある。
pybot> 事典 venv
「venv」ノ意味ガ見ツカリマセンデシタ
pybot>
```

1 「python pybot.py」と入力して[Enter]キーを押す

2 「事典 キーワード」を入力して[Enter]キーを押す

そのキーワードの情報が表示される

サードパーティ製パッケージを利用して新しいコマンドが作成できました。便利なパッケージを探してみて、コマンドをどんどん追加しましょう。

Chapter

9

Webアプリ
ケーションを
作成しよう

Chapter 8まではコマンドプロ
ンプト上で動作するアプリケー
ションを作成してきました。
Chapter 9ではWebブラウザー
で操作するWebアプリケーシ
ョンの構築について紹介します。

[Webアプリケーション]

Webアプリケーションについて知りましょう

**このレッスンの
ポイント**

Pythonを利用すると、Webアプリケーションを手軽に作成できます。まずはWebアプリケーションとはどのようなものなのか、その仕組み、特徴と動作原理を学びましょう。Webサーバーやリクエスト、レスポンスといった用語を覚えてください。

→ Webアプリケーションとは

Webアプリケーションは Web ブラウザーから使用するアプリケーションです。Webアプリケーションは、Webブラウザーがインターネット上のWebサーバーと通信し、データをやりとりすることにより動作します。WebサーバーはWebブラウザーからのリクエストを受け取り、Webページのデータを返す……と

いう仕事をするコンピューターです。Webサーバーが返すデータが静的な（固定の）ページではなく、動的なデータのページを返すことにより、アプリケーションとして動作します。Webアプリケーションの例としては、ショッピングサイト、地図サービス、SNSサービスなどがあります。

▶ Webアプリケーションの動作

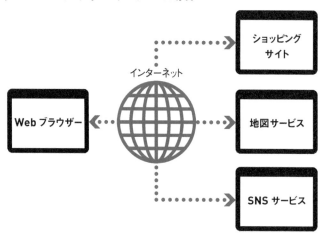

Googleの検索サービスや、Amazonでのショッピングなど、皆さんも日常的にWebアプリケーションを使っているはずです。

➔ Webアプリケーションは広く利用してもらいやすい

Chapter 8までに作成したプログラムを使うには、Pythonをインストールしてコマンドプロンプトで実行する必要があります。そのため、多くの人に使ってみてほしい、と思っても利用者それぞれに手間がかかってしまい、難しいでしょう。Webアプリケーションなら利用者側でのPythonのインストールは不要です。開発者がWebアプリケーションをインターネットに公開すれば、利用者はWebブラウザーでそのURLにアクセスするだけで使えます。そのため、多くの人に作成したプログラムを利用してもらえます。

▶ Webブラウザーだけでインターネット中から利用できる

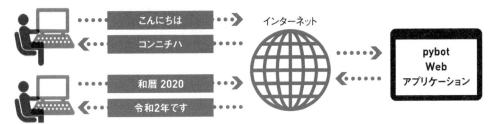

➔ Webサーバーとリクエストとレスポンスをやりとりする

Webアプリケーションはどのように動作するのでしょうか？　Webサイトでは、基本的にWebブラウザーから「こういう情報がほしい」というメッセージが送信され、その応答となるメッセージがWebサーバーから返されます。この、Webブラウザーから送信するメッセージをリクエストといい、応答メッセージをレスポンスといいます。同様にWebアプリケーションもリクエストとレスポンスのやりとりで動作します。

▶ リクエストとレスポンス

このレッスンの
ポイント

Webアプリケーションを作成するには、コマンドプロンプト上で動作するプログラムと異なり、さまざまな処理を記述する必要があります。Webアプリケーションに必要なさまざまな処理をあらかじめ用意してあり、開発を楽にしてくれるWebフレームワークについて学びましょう。

→ フレームワークとは

フレームワークとは「枠組み」「骨組み」「構造」といった意味の英単語です。

プログラムの世界でのフレームワークとは、複数のアプリケーションで共通となる処理をフレームワーク側で提供し、一部分を書き替えることによってアプリケーションを作成するものを指します。例えば

Unityというフレームワークは、ゲーム開発に必要となるグラフィックスやサウンド、物理演算などの機能を提供します。フレームワークを利用することにより、共通部分ではなく、アプリケーションで実現したい機能の作成に集中できるのです。

▶ フレームワークを利用して必要な機能のみを作成する

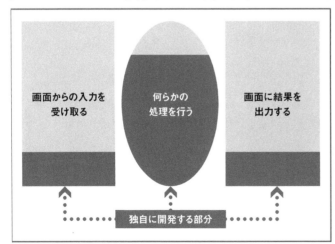

画面からの入力を
受け取る

何らかの
処理を行う

画面に結果を
出力する

独自に開発する部分

フレームワーク

フレームワークを利用すると、効率的にアプリケーションが作成できます。

Webアプリケーションフレームワークとは

Webアプリケーションフレームワーク（以降Webフレームワークと呼びます）は名前の通りWebアプリケーションを作成するためのフレームワークです。Webアプリケーションを作成するために必要となる、下表に挙げるような機能の一部またはすべてをフレームワークとして提供しています。

各機能の詳細についてはプログラムを作成しながら学んでいきましょう。

▶ Webフレームワークが提供する主な機能

機能	内容
ルーティング	閲覧者が特定のURLにアクセスしたときに対応するプログラムを呼び出す
テンプレート	Webページ（HTML）に値を挿入して書き替える
データベースへのアクセス	データベースにデータを保存／取得する
セキュリティ機能	不正なアクセスが行われないようにする

PythonのWebフレームワーク

PythonにはWebアプリケーションフレームワークがいくつか存在します。代表的なものを下表で紹介します。それぞれ特徴や機能は異なりますが、すべてオープンソースとして公開されており、無料で利用できます。

本書では、はじめての人でも扱いやすいBottle（ボトル）を使用して、Webアプリケーションを構築します。

▶ Pythonの主なWebフレームワーク

名前	特徴	URL
Django	迅速な開発を目的とした高機能なフレームワーク	https://www.djangoproject.com/
Pyramid	小さく速くしっかりとしたフレームワーク。各種ライブラリを組み合わせて使用する	https://trypyramid.com/
Flask	シンプルなフレームワーク。拡張機能が豊富	https://flask.palletsprojects.com/
Tornado	非同期処理に特化したフレームワーク	https://www.tornadoweb.org/
Bottle	シンプルなフレームワーク。フレームワークのプログラムが1つのファイルで提供されている	https://bottlepy.org/

Lesson 55 [Bottle]

WebフレームワークBottleの特徴を知りましょう

このレッスンの
ポイント

ここからPython製のWebフレームワークとしてBottle（ボトル）を使用してWebアプリケーションを作成していきます。まずはBottleの特徴について確認しましょう。機能が少ないぶん、シンプルで扱いやすいフレームワークです。

→ Bottleとは

BottleはPython製のWebフレームワークの1つです。オープンソースとして開発が進められており、本書の執筆時点（2020年6月）での最新バージョンは0.12.18です。機能は少ないですが、その代わりに

シンプルで軽量なWebフレームワークといえます。英語ですが、チュートリアルやマニュアルなどのドキュメントも整備されています。

▶ BottleのWebサイト

https://bottlepy.org/

Bottleの特徴

Bottleは軽量なWebフレームワークで、Webフレームワークとしてのプログラムが1つのファイルに納まっています。そのため、フレームワークの構造を把握しやすくなっており、自身でWebフレームワークを作成する教材ともなります。Bottleが提供する主要な機能は以下の4つです。

▶ Bottleが提供する機能

名前	説明
ルーティング	ユーザーから要求されたURLと処理するプログラムを対応付けるURLマッピングを行う仕組み
テンプレート	Webページ（HTML）に動的に値を挿入する機能
ユーティリティ	リクエストやレスポンスから情報を取得、設定するためのユーティリティ機能
開発用サーバー	開発用の内蔵Webサーバー

Lesson 54のWebフレームワークが提供する機能の表と見比べてみましょう。

 ## Bottleが提供しない機能

BottleはシンプルなWebフレームワークであるため、大規模なWebアプリケーションを作成するための機能は提供されていません。例えば、ユーザー管理やデータベースアクセスなどの機能はありません。それらが必要な場合には、機能拡張用のライブラリを導入して組み合わせて使うか、Djangoなどの高機能なWebフレームワークを使用することを検討してください。

Bottleの特徴は理解できましたか？　次のLessonから実際にBottleをインストールしてプログラムを作成していきます。

Lesson 56　［インストールと基本操作］

Bottleで文字を表示してみましょう

**このレッスンの
ポイント**

それではBottleを使用したWebアプリケーションのプログラム作成
をはじめましょう。まずはBottleをインストールし、Webブラウザ
ーに文字を表示する簡単なプログラムを実行して、基本的な使い方を
学習します。

→ Bottleでの処理の流れ

Webアプリケーションの開発には、Webブラウザー
とWebサーバーが必要です。Webサーバーは専用の
アプリケーションが存在しますが、プログラムの開
発時に専用のWebサーバー環境を構築するのは手
間なため、Bottleには簡単に利用できる開発用サー
バーが用意されています。また、Webブラウザーが
Webサーバーに接続するためには、ホスト名とポー
ト番号を指定する必要があります。ホスト名はWeb
サーバーの住所にあたるもので、自分のPCを指す
場合には「localhost」と指定します。ポート番号は
Webサーバーと通信するための窓口の番号です。開
発用サーバーではよく「8080」や「8000」という数
値が使用されます。

Webブラウザーからリクエストを送って結果を出す
までの処理の流れを下図にまとめます。ユーザーは
「http://localhost:8080/hello」というURLにWebブラ
ウザーからリクエストを送信します。「local
host:8080」でBottleの開発用サーバーが起動してい
るので、URLを受け取ってルーティング機能に処理
を渡します。ルーティング機能はURLが「/hello」で
あれば、対応するhelllo() 関数を実行して結果を受
け取ります。あとは受け取った情報をレスポンスと
してユーザーに送信します。

▶ BottleによるWebアプリケーションの働き

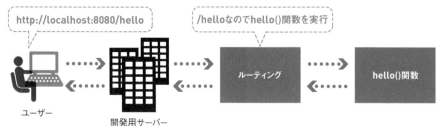

➔ 開発用サーバーを起動する

Bottleの開発用Webサーバーは、run()関数で実行できます。開発用サーバー実行時にはホスト名、ポート番号が指定できますが、ホストはPC上で動作させる場合には通常localhostを指定します。ポート番号は8080など、PC上で動作する他のサーバープログラムと重ならない番号を指定してください。デバッグ出力は開発中はTrueに設定することをおすすめします。

▶ run関数の書き方

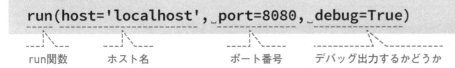

```
run(host='localhost', port=8080, debug=True)
```

run関数　　　ホスト名　　　　　ポート番号　　デバッグ出力するかどうか

WebサーバーもBottleが担当するので、開発中の動作テストを手軽に行えます。

➔ ルーティング

ルーティングは特定のURLにアクセスしたときに、プログラムのどの関数を実行するかという関連付けを行います。右図のように@routeデコレータで@route('/hello')と指定すると、Webブラウザーで「http://localhost:8080/hello」にアクセスしたときにURLに対応するhello()関数が実行されます。

▶ @routeデコレータの書き方

@routeデコレータ　ルーティング対象のURL

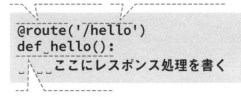

```
@route('/hello')
def hello():
    ここにレスポンス処理を書く
```

URLに対応する関数

👍 ワンポイント 関数に機能を追加するデコレータ

ルーティングの説明で@routeという見かけない記述が出てきました。この@ではじまる記述をデコレータといいます。デコレータは関数などを修飾（デコレート）する機能です。デコレータはWebフレームワークでもよく使われる機能で、上の例では、hello()関数に@routeデコレータを付け、「/hello が呼び出されたらこの関数を呼ぶ」という機能を追加しています。

● BottleでWebページを表示する

1 仮想環境を作成する

Webアプリケーション用に仮想環境を作成します。最初にpybotwebというフォルダーを作成し❶、そのフォルダーの中に仮想環境を作成します。「python

-m venv env」で仮想環境を作成して❷、有効化します❸。

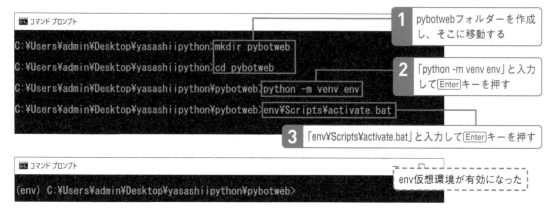

C:¥Users¥admin¥Desktop¥yasashiipython>mkdir pybotweb

C:¥Users¥admin¥Desktop¥yasashiipython>cd pybotweb

C:¥Users¥admin¥Desktop¥yasashiipython¥pybotweb>python -m venv env

C:¥Users¥admin¥Desktop¥yasashiipython¥pybotweb>env¥Scripts¥activate.bat

1 pybotwebフォルダーを作成し、そこに移動する

2 「python -m venv env」と入力して[Enter]キーを押す

3 「env¥Scripts¥activate.bat」と入力して[Enter]キーを押す

(env) C:¥Users¥admin¥Desktop¥yasashiipython¥pybotweb>

env仮想環境が有効になった

2 Bottleをインストールする

仮想環境にBottleをインストールします。pipコマンドを使用して「pip install bottle」と実行してインスト

ールします❶。

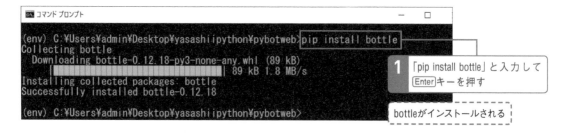

(env) C:¥Users¥admin¥Desktop¥yasashiipython¥pybotweb>pip install bottle
Collecting bottle
　Downloading bottle-0.12.18-py3-none-any.whl (89 kB)
　|　　　　　　　　　　　　　| 89 kB 1.8 MB/s
Installing collected packages: bottle
Successfully installed bottle-0.12.18

(env) C:¥Users¥admin¥Desktop¥yasashiipython¥pybotweb>

1 「pip install bottle」と入力して[Enter]キーを押す

bottleがインストールされる

 ワンポイント　WindowsではPCの名前を英語にする

PCの名前に日本語が設定されていると、Bottleの実行時にUnicodeDecodeErrorが発生します。そ
の場合はPCの名前を半角英数字のものに変更してから再度実行してください。

3 プログラムを作成する `pybotweb.py`

「Hello World!」という文字列を返すWebアプリケーションのプログラムを作成します。pybotwebフォルダー内に「pybotweb.py」という名前のファイルを作成してください。まず必要なモジュールをインポートします❶。@route

デコレータでURLを指定し❷、このURLにアクセスしたときには「Hello World!」という文字列をreturn文で返します。この内容がレスポンスとなります❸。最後に開発用サーバーを実行します❹。

```
001  from_bottle_import_route,_run              1  インポートする
002
003  @route('/hello')                           2  URLを指定する
004  def_hello():
005  ____return_'Hello_World!'                  3  レスポンスを返す
006
007  run(host='localhost',_port=8080,_debug=True)  4  開発用サーバーを起動
```

4 開発用Webサーバーを起動する

コマンドプロンプトで「python pybotweb.py」を実行します❶。以下のように Bottle フレームワークの開発用Webサーバーが起動します。Webブラウザーを

開いて、URLに「http://localhost:8080/hello」を入力します。ブラウザー上に「Hello World!」と表示されれば成功です❷。

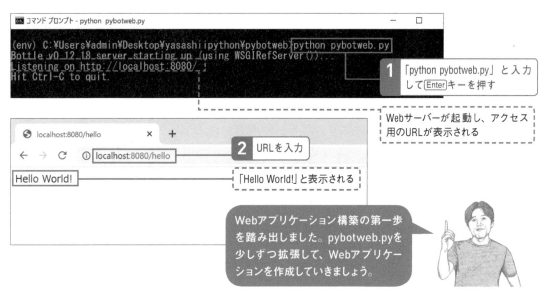

```
コマンド プロンプト - python pybotweb.py                           —  □  ×

(env) C:¥Users¥admin¥Desktop¥yasashiipython¥pybotweb>python pybotweb.py
Bottle v0.12.18 server starting up (using WSGIRefServer())...
Listening on http://localhost:8080/
Hit Ctrl-C to quit.
```

1 「python pybotweb.py」と入力して Enter キーを押す

Webサーバーが起動し、アクセス用のURLが表示される

```
localhost:8080/hello        ×  +

←  →  C  ⓘ localhost:8080/hello

Hello World!
```

2 URLを入力

「Hello World!」と表示される

> Webアプリケーション構築の第一歩を踏み出しました。pybotweb.pyを少しずつ拡張して、Webアプリケーションを作成していきましょう。

241

Lesson 57 [テンプレート]

テンプレートを使用して
レスポンスを変化させましょう

**このレッスンの
ポイント**

固定の文字列を返すだけでは、静的なWebサイトと変わりません。文字列生成に便利なテンプレート機能を使って、動的にレスポンスを返す方法を学びましょう。まずはアクセスした時点の日時を返す簡単なWebアプリケーションを作成します。

→ テンプレートとは

テンプレートはWebフレームワークがブラウザーに応答を返すときに、プログラムで動的に値を設定するための仕組みです。ショッピングサイトをWebブラウザーで表示したときに「こんにちは○○さん」というように、自分の名前が表示されているところを見たことがあると思います。この名前の部分は、ショッピングサイトを見ている人によって表示が異なるはずです。このようにレスポンスの内容を動的に書き替える仕組みが、テンプレートです。

▶ テンプレートの動作

Bottleのテンプレート

Bottleではテンプレートはtemplate()関数で実現します。使い方は文字列のf-string（92ページ参照）に似ており、テンプレート文字列中に{{○○}}で囲んだ部分があると、○○という名前の引数で指定した値に変換されます。○○の部分には任意の文字列が使用できます。

以下のプログラムを実行すると {{name}} の部分が、name='△△'で指定した名前に変換された文字列が出力されます。下記のテンプレートの利用例ではname引数に固定の文字列を渡していますが、実際のWebサイトでは、アクセスする人ごとにその人の氏名を渡して、動的なレスポンスを返します。

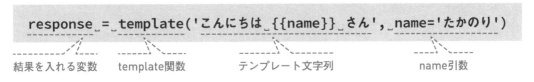

response_=_template('こんにちは_{{name}}_さん',_name='たかのり')

| 結果を入れる変数 | template関数 | テンプレート文字列 | name引数 |

▶ テンプレートの利用例

```
from bottle import template

response = template('こんにちは {{name}} さん', name='たかのり')
print(response)
response = template('こんにちは {{name}} さん', name='みつき')
print(response)
```

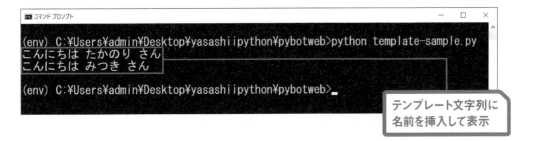

テンプレート文字列に
名前を挿入して表示

この段階ではテンプレートは文字列の f-stringとあまり変わりがないように見えると思います。次のLessonでテンプレートのより便利な使い方について説明します。

● テンプレートで動的なページを表示する

1 template()関数をimportする `pybotweb.py`

Lesson 56に引き続き、「pybotweb.py」を編集します。template()関数を使用するために、import文にtemplateを追加します❶。また、動的に値が出力されていることを確認するために日時を使用するので、datetimeモジュールをインポートしておきます❷。

```
001  from_bottle_import_route,_run,_template ──────  1 関数をインポート
002  from_datetime_import_datetime ──────────  2 datetimeモジュールをインポート
```

2 template()関数で動的にレスポンスを生成する

template()関数を使用して動的にレスポンスを生成します。ここではdatetime.now()を使用して現在時刻を取得して、テンプレートの{{now}}部分を置き換えています❶。

```
001  from_bottle_import_route,_run,_template
002  from_datetime_import_datetime
003
004  @route('/hello')
005  def_hello():
006  ____now_=_datetime.now()
007  ____return_template('Hello_World!_{{now}}',_now=now) ──  1 template関数の利用
008
009  run(host='localhost',_port=8080,_debug=True)
```

3 開発用Webサーバーを起動する

コマンドプロンプト上で「python pybotweb.py」を実行して、開発用Webサーバーを起動します❶。Webブラウザーを開いて、URLに「http://localhost:8080/hello」を入力します。正しく動作すれば、Hello World!のうしろに現在日時の表示が追加されるはずです。Webブラウザーで Webページの再読み込みを実行すると、日時の表示が変更され、動的にWebページが生成されていることが確認できます。なお、開発用WebサーバーはCtrl+Cで停止できます。

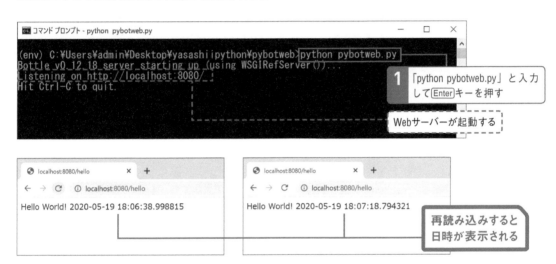

❶ 「python pybotweb.py」と入力してEnterキーを押す

Webサーバーが起動する

再読み込みすると日時が表示される

👍 ワンポイント Pythonはどこで使われている？

インターネットにあるWebサービスで、Pythonを使って作られたものはあるのでしょうか？
2020年5月現在の、公開されている情報の中から代表的なPython製のWebサービスを紹介します。

他にもオンラインゲームの通信を管理するWebサーバー、オンライン決済サービスやFirefoxのSync機能のバックエンドなど、さまざまなところでPythonが使われています。

▶ Python製Webサービス

名前	URL	内容
Instagram	https://www.instagram.com/	写真を共有するSNS
Pinterest	https://www.pinterest.jp/	ピンボード風の画像共有サービス
Reddit	https://www.reddit.com/	英語圏で有名なソーシャルニュースサービス
PyPI	https://pypi.org/	サードパーティ製パッケージの共有サービス
PyQ	https://pyq.jp/	Pythonのオンライン学習サービス

Lesson

58

[テンプレートとHTML]

テンプレートを使用して
HTMLに動的な値を入れましょう

このレッスンの
ポイント

テンプレートを利用しても、単なる文字列を返しているだけではWeb
アプリケーションとはいえません。HTMLを使用すればリッチな表現
ができます。ここではテンプレートを利用して、HTMLにユーザー名
などの値を動的に設定する方法について学びましょう。

➡ HTMLとは

HTML（HyperText Markup Language）とはWebペー
ジを記述するために開発された言語です。Webブラ
ウザーはHTMLを解釈して、Webページを表示して
います。HTMLを適切に記述することにより、画像、

箇条書きや他のWebページへのリンクなどをWebブ
ラウザーに表示できます。テンプレートでもHTML
を利用することで、単なる文字以外の情報を表示
できるようになります。

▶ WebブラウザーはHTMLを解釈して表示している

HTML

```
<html>
<body>
<img_src="ferret.jpg">
<ul>
<li>箇条書き1</li>
<li>箇条書き2</li>
</ul>
<a_href="https://www.impress.co.jp/">impress</a>
</body>
</html>
```

HTMLをWebブラウザー
で表示

→ HTMLの記述方法

HTMLは、画像の表示やリンク、見出し、箇条書きなどをHTMLタグというもので指定します。HTMLタグは<ul>のように<>の間に英数字を記入する形です。HTMLタグは本書で使用するもの以外にもさまざまな種類があります。HTMLについては本書の範囲から逸脱するので簡単にしか触れませんが、多くの書籍や解説サイトが存在しているのでそちらを参照してください。

▶ HTMLの例

`<html>` ·················	HTMLの開始を表すタグ
`<body>` ·················	本文の開始を表すタグ
`<ul>` ····················	箇条書きの開始を表すタグ
`<li>箇条書き1</li>` ···	文字列を箇条書きで表示するタグ
`<li>箇条書き2</li>`	
`</ul>` ··················	箇条書きの終了を表すタグ
`</body>` ················	本文の終了を表すタグ
`</html>` ················	HTMLの終了を表すタグ

> 本書ではシンプルなHTMLしか扱いません。より高度な表現をするためには、HTMLについて別の書籍やWebサイトで勉強してください。

→ Pythonのプログラムに直接HTMLを埋め込むと読みにくい

template()関数のテンプレート文字列にHTMLを書くことで、HTMLでレスポンスが返せます。しかし、HTMLを指定すると文字列が非常に長くなるので、プログラムに直接書くことはおすすめしません。以下の例はシンプルな箇条書きのHTMLですが、たったこれだけの表現でもHTMLの文字列は長くなるため、プログラムが読みにくくなってしまいます。

▶ template()関数にHTMLの文字列を指定した例

```
@route('/hello')
def_hello():
____now_=_datetime.now()
____return_template('<html><body><ul><li>こんにちは{{name}}さん</li><li>現在
時刻は{{now}}です</li></ul></body></html>',_name='たかのり',_now=now)
```

HTML

→ テンプレートを別ファイルにする

template()関数にはテンプレートとなる文字列を別ファイルから読み込む機能が用意されています。template関数の引数に、テンプレートファイル名を指定できます。以下のように指定すると、viewsフォルダーの下にあるhello_template.tplというファイルの中身をテンプレート文字列として使用します。

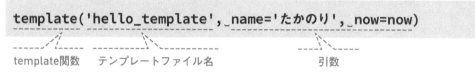

```
template('hello_template', _name='たかのり', _now=now)
```

template関数　　テンプレートファイル名　　　引数

▶ hello_template.tplテンプレートファイル

```
<html>
<body>
<ul>
<li>こんにちは{{name}}さん</li>
<li>現在時刻は{{now}}です</li>
</ul>
</body>
</html>
```

▶ テンプレートファイルを読み込む

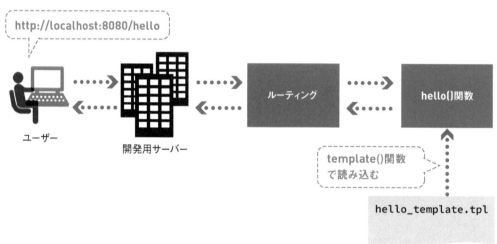

http://localhost:8080/hello

ユーザー　　　　開発用サーバー　　　　ルーティング　　　　hello()関数

template()関数で読み込む

hello_template.tpl

➡ テンプレート関数の使い分け

template()関数の最初の引数に、テンプレートの文字列またはテンプレートファイル名が指定できることに気づいたでしょうか？ template()関数は文字列に{のようにテンプレートであることを表す文字を含んでいると、テンプレート文字列が指定されたとみなして動作します。逆に、そういった文字を含んでいない場合は、テンプレートファイルが指定されたとみなして動作します。

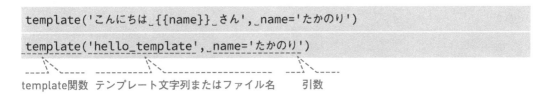

```
template('こんにちは {{name}} さん', name='たかのり')
```
```
template('hello_template', name='たかのり')
```

template関数　テンプレート文字列またはファイル名　　引数

➡ テンプレートファイルを用意する

テンプレートファイルはviewsフォルダーを作成し、その下に.tplという拡張子を付けて配置します。ファイルの中身は必ずしもHTMLである必要はなく、テキストやJSONなども記述できます。また、テンプレートは単純な変数の置き換えだけでなく、for文による繰り返しやif文による条件分岐が可能です。詳細はBottleのドキュメントを参照してください。
https://bottlepy.org/docs/dev/stpl.html

▶ テンプレートファイルの配置

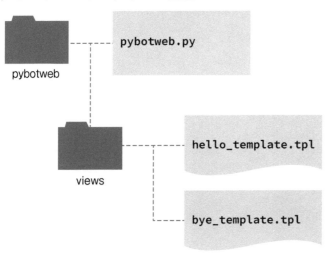

pybotweb

pybotweb.py

views

hello_template.tpl

bye_template.tpl

プログラムとテンプレートを分割することにより、効率的にWebアプリケーションが作成できます。

● テンプレートファイルを作成してプログラムから読み込む

1 テンプレートファイルを作成する　views/pybot_template.tpl

「views」というフォルダーを作成して、その下にテンプレートファイルを配置します。ここでは「pybot_template.tpl」という名前で作成します。HTML中に

{{now}}と記述してある箇所が、動的に値が出力される場所です①。

> 表示する内容はHTMLタグ次第です。テンプレートファイルを編集して、さまざまなHTMLタグを試してみましょう。

```
001 <html>
002 <body>
003 <ul>
004 <li>Hello World!</li>
005 <li>現在時刻は{{now}}です</li> ── 1 この部分に値が出力される
006 </ul>
007 </body>
008 </html>
```

2 テンプレートファイルを読み込む　pybotweb.py

pybotweb.pyを開き、template()関数の引数に「pybot_template」を指定して、テンプレートファイ

ルを使用するように変更します①。

```
001 from_bottle_import_route,_run,_template
002 from_datetime_import_datetime
003
004 @route('/hello')
005 def_hello():
006 ____now_=_datetime.now()
007 ____return_template('pybot_template',_now=now) ── 1 テンプレートファイルを指定
008
009 run(host='localhost',_port=8080,_debug=True)
```

3 ブラウザーで表示を確認する

コマンドプロンプト上で「python pybotweb.py」を実行して開発用 Web サーバーを起動します❶。Web ブラウザーで「http://localhost:8080/hello」を開いて、

表示を確認します。HTML が解釈され、箇条書きで現在日時が表示されていることが確認できます。

1 「python pybotweb.py」と入力して Enter キーを押す

Web サーバーが起動する

箇条書きで表示される

👍 ワンポイント もっとオシャレな画面にしたい

一般的な Web サイトはカラフルで、キレイなデザインをしています。HTML にデザインを適用するには CSS（Cascading Style Sheets）を使います。以下のように <style> タグ内に CSS を書くことで

デザインを追加できます。
CSS の書き方については別途書籍や Web サイトを参照してください。

```
<html><head><style>
ul_{
____background-color:_#f2feff;
____border:_solid_2px_#51d0a8;
____border-radius:_4px;
____padding:_36px;
____font-family:_sans-serif;
____font-size:_24px;
}
</style></head>
<body>
...
</html>
```

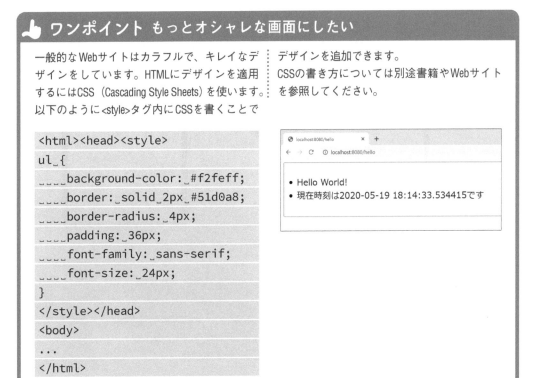

Lesson 59 ［フォーム］ ユーザーが入力した値を 受け取りましょう

このレッスンの ポイント

Webアプリケーションとしてユーザーと対話的な処理を行うには、ユーザーが入力した情報を受け取る必要があります。HTMLに入力した情報を受け取るフォームについて学びましょう。ここではフォームから送られたデータを受け取りそのまま表示するプログラムを作成します。

⊙ ユーザーが入力した情報を受け取る

ショッピングサイトなどで商品の発送先を指定するときに、名前や住所を入力して「送信」ボタンを押したことがあると思います。入力した情報はどのようにWebサーバーに渡っているのでしょうか?

「送信」ボタンを押すと、入力した名前や住所の情報がリクエストに含まれて送信されます。Webサーバーはその内容を取り出して、処理を行います。

▶ ユーザーが入力した情報をWebサーバーで取り出す

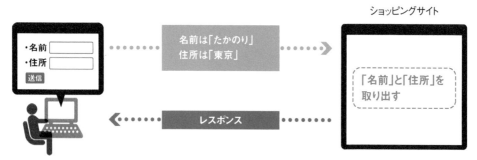

ユーザーが入力した情報をWebサーバーで受け取り、その値に対応したレスポンスを返すことで、対話的なWebアプリケーションを実現します。

HTMLで入力フォームを作る

HTMLで入力フォームを作成するには、formタグやinputタグなどを使用します。それぞれ、フォームの作成と送信先の指定、入力フィールドの表示などを行います。inputタグは種類を指定することにより、テキストの入力フィールド以外にも、ラジオボタン、チェックボックス、送信ボタンなどが表示できます。

▶ 主な入力フォーム用のタグ

名前	用途
<form>	入力フォーム全体を囲む。送信方法（method）と送信先（action）を指定する
<input>	テキストの入力フィールドやラジオボタン、チェックボックス、送信ボタンなどを表示する

▶ フォームのHTMLの例

```
<form_method="post"_action="/hello"> ·····actionの部分にURLを指定
<input_type="text"_name="input_text"> ····テキストの入力フィールドを表示
<input_type="submit"_value="送信"> ········送信ボタンを表示
</form>
```

データの送信方法はGETとPOSTの2種類

フォームに入力されたデータをWebサーバーに送信する方法は、大きく分けてGETとPOSTの2種類があります。どちらの方法でもWebサーバーは入力された値を受け取ることができますが、送信するデータが多い場合には一般的にPOSTを使用します。GETは通常のWebページをリクエストするときにも使われる送信方式で、フォームの送信に利用した場合はURLの末尾にフォームで入力した値が入ります。

▶ GETとPOSTのリクエスト

リクエストヘッダー	`GET /hello?input_text=送信データ HTTP/1.1` `Host: localhost:8080`	`POST /hello HTTP/1.1` `Host: localhost:8080`
リクエストボディ		`input_text=送信データ`

送信データが入る場所が変わる

➡ Bottleで入力された値を取り出す

BottleでPOSTで送信されたデータを受け取るには、requestオブジェクトを使用します。requestオブジェクトにはリクエストに関するさまざまな情報が含ま れており、入力フォームから送信された情報はrequest.formsから取り出せます。

▶ request.formsにはフォームの情報が入っている

ワンポイント HTTPって何？

WebブラウザーからWebサイトにアクセスする際、http://ではじまるURLを入力します。このhttpとは何でしょうか？　HTTP（Hypertext Transfer Protocol）はHTMLをやりとりして、Webサイトを表示するための決まりごとです（プロトコルといいます）。今までも「リクエスト」、「レスポンス」、「GET」、「POST」などの言葉がでてきましたが、これもHTTPのプロトコルです。WebブラウザーとWebサーバーがHTTPにしたがって通信を行い、Webサイトが表示されていま

す。
HTTPの中身は単純な文字列です。Webブラウザーのアドレスバーにhttp://localhost:8080/helloと入力すると、以下の内容がWebサーバーに送信されます。Webサーバー（Bottle）はこの文字列を解析して、URLに対応する関数を呼び出しHTTPレスポンスを返します。HTTPレスポンスも同様に文字列です。HTTPについて詳しく知りたい方は、Webサイトや書籍があるので参考にしてください。

▶ HTTPのリクエストの例

```
GET_/hello_HTTP/1.1
Host:_localhost:8080
```

● 入力フォームに入力された情報を表示する

1 入力フォームを作成する `views/pybot_template.tpl`

テンプレートファイルを書き替えて、入力フォームを作成します。formタグで入力フォーム全体を作成します。データの送信方法にはPOSTを、送信先には/helloを指定します❶。次にinputタグでテキストを入力する入力フィールドを作成します。type属性のtextはテキストの入力フィールドを表し、input_textはデータを送信するときのパラメーター名となります❷。inputタグで送信ボタンを作成します。type属性がsubmitだと送信ボタンになります❸。フォームの下に、送信されたテキストを表示する{{text}}を用意しておきます❹。

```
001  <html>
002  <body>
003  <form method="post" action="/hello">          1  フォーム
004  <input type="text" name="input_text">          2  入力フィールド
005  <input type="submit" value="送信">
006  </form>                                          3  送信ボタン
007  <br>
008  送信されたテキスト: {{text}}                     4  結果を表示する領域
009  </body>
010  </html>
```

2 テンプレートファイルを読み込む `pybotweb.py`

フォームに入力されてリクエストで渡された値を取り出すために、import文にrequestを追加します❶。hello()の中身は今まで通りテンプレートを読み込みますが、初期状態ではtextに表示すべきものがないため、空文字列を渡します❷。

```
001  from bottle import route, run, template, request    1  requestを追加
002
003  @route('/hello')                                      datetime関連の文を削除
004  def hello():
005      return template('pybot_template', text='')       2  空文字列を渡す
```

NEXT PAGE → |

3 POSTに対応する関数を作成する

次にPOSTでデータが送信された場合に動作する関数を作成します。do_hello()という関数にデコレータを指定しますが、引数に「method='POST'」と書く

ことでPOSTで送信された場合にはこの関数が実行されます①。

```
004  @route('/hello')
005  def_hello():
006  ____return_template('pybot_template',_text='')
007
008  @route('/hello',_method='POST')                    1  POSTを追加
009  def_do_hello():
```

4 送信された値を取り出す

do_hello()関数で、フォームから送信された値を取り出します。フォームから送信された値は「request.forms.パラメーター名」で取得できます。入力フォームに指定したパラメーター名は「input_text」なの

でrequest.forms.input_textで取得し、input_text変数に代入します①。テンプレートを読み込んで、text引数に入力されたテキスト「input_text」を渡します②。

```
008  @route('/hello',_method='POST')
009  def_do_hello():
010  ____input_text_=_request.forms.input_text          1  値を取り出す
011  ____return_template('pybot_template',_text=input_text)
012                                                     2  値を渡す
013  run(host='localhost',_port=8080,_debug=True)
```

5 ブラウザーで表示を確認する

コマンドプロンプト上で「python pybotweb.py」を実行して開発用Webサーバーを起動します。Webブラウザーで「http://localhost:8080/hello」を開いて入力フォームが表示されている画面を確認します。入力フィール

ドに「こんにちは」などのテキストを入力して[送信]ボタンを押します①。すると画面が遷移して、入力したテキストがサーバーに送信され、取得した値が「送信されたテキスト :」の部分に表示されます②。

1 テキストを送信すると

2 ここに表示される

Point　WebアプリケーションのGETとPOSTによる動作の違い

このLessonのWebアプリケーションがどのように動作しているかを説明しましょう。Webブラウザーで「http://localhost:8080/hello」を開くと、左下図のように動作します。

入力フォームに「こんにちは」と記述して「送信」ボタンをクリックした場合は、右下図のように動作します。このように、GETとPOSTを使い分けてフォームの値をWebブラウザーに表示しています。

▶ 最初に開いたとき

「GET /hello」が開発用サーバーにリクエストされる

開発用サーバーは hello() 関数を実行する

{{text}} が空文字列のレスポンスを生成する

「送信されたテキスト」に何も表示されていないページが Web ブラウザーに表示される

▶ フォームから受信

「POST /hello」で input_text に「こんにちは」を設定したリクエストが送信される

開発用サーバーは do_hello() 関数を実行する

input_text の「こんにちは」を request.forms から取り出す

{{text}} を「こんにちは」に置換したレスポンスを生成する

「送信されたテキスト」に「こんにちは」と表示されたページが Web ブラウザーに表示される

Lesson
60

[botを組み込む]
Webアプリケーションでpybotが動作するようにしましょう

このレッスンの
ポイント

ここまででWebアプリケーションで文字列を入力して受け取ることができるようになりました。pybotは今まで標準入力で文字列を受け取り、標準出力に文字列を表示していました。pybotの機能をWebアプリケーションに組み込みましょう。

→ Webアプリケーション版pybotを作成する

Chapter 8までに作成したpybotはコマンドプロンプト上で文字列を入出力して実行していました。また、ここまででWebアプリケーションとして文字列を入力して、文字列を出力できるようにもなりました。この2つをつなげることにより、pybotをWebアプリケーションにできます。

▶ pybot Webアプリケーションの実行イメージ

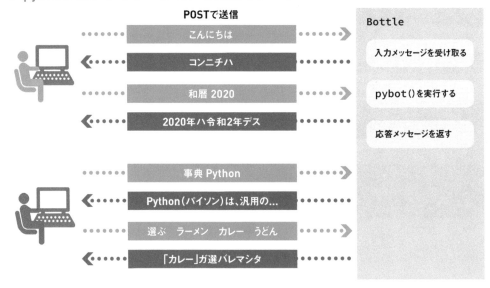

⬤ pybotをWebアプリケーションにする

1 入力フォームを改良する `views/pybot_template.tpl`

テンプレートファイルを書き替えて、入力フォームを改良します。見出し用のh1タグを使用して、Webアプリケーションの名前を表示します①。pybotは入力したメッセージに対して応答メッセージを返すので、両方のメッセージを表示するようにします②。

```
001  <html>
002  <body>
003  <h1>pybot_Webアプリケーション</h1> ————————————  1 見出し
004  <form_method="post"_action="/hello">
005  メッセージを入力してください:_<input_type="text"_name="input_text">
006  <input_type="submit"_value="送信">
007  </form>
008  <ul>                                            2 入力メッセージを表示
009  <li>入力されたメッセージ:_{{input_text}}</li> —————————
010  <li>pybotからの応答メッセージ:_{{output_text}}</li>—
011  </ul>
012  </body>                                         3 応答を表示
013  </html>
```

▶ 仕上がりHTMLのイメージ

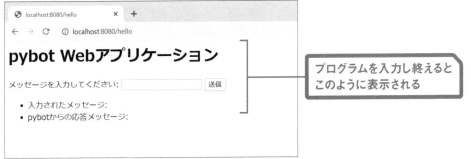

プログラムを入力し終えると
このように表示される

コマンドプロンプトでのやりとりが
Webアプリケーションになっています。

2 pybotの関連ファイルをコピーする

Chpater 8までに作成したpybot関係のファイルをすべてpybotwebフォルダーにコピーします❶。続いて

pipコマンドでpybotweb用の仮想環境にrequestsとwikipediaパッケージをインストールします❷。

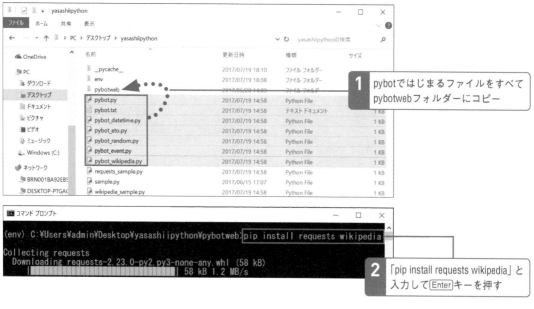

1 pybotではじまるファイルをすべてpybotwebフォルダーにコピー

2 「pip install requests wikipedia」と入力してEnterキーを押す

3 pybotを関数にする `pybot.py`

今までpybotはwhileループで処理を繰り返していましたが、Webアプリケーションの場合は1つの入力メッセージに対して、1つの応答を返す処理をすれば

OKです。そこで、コマンド（入力メッセージ）を受け取って応答メッセージを生成して返す、pybot()関数に改造します❶❷❸❹。

```
038   response_=_word_list[1]
039   bot_dict[key]_=_response
040
041   def_pybot(command):
042   ____#_command_=_input('pybot>_')
043   ____response_=_''
044   ____try:
045   _____for_message_in_bot_dict:
046   _____if_message_in_command:
```

1 while文をpybot()関数に変更

2 input()関数をコメントにする

```
047 _____response_=_bot_dict[message]
048 _____break
049
050 _____if_'和暦'_in_command:
    ……中略……
068 _____if_'事典'_in_command:
069 _____response_=_wikipedia_command(command)
070
071 _____if_not_response:
072 _____response_=_'何ヲ言ッテルカ、ワカラナイ'
073 _____return_response ─────────────────── ③ 結果をreturn文で返す
074
075 _____#_if_'さようなら'_in_command: ─┐  ④ ループから脱出する処理
076 _____#_____break                 ─┘     をコメントにする
077 ____except_Exception_as_e:
078 _____print('予期セヌ_エラーガ_発生シマシタ')
079 _____print('*_種類:',_type(e))
080 _____print('*_内容:',_e)
```

4 pybot()関数を呼び出す `pybotweb.py`

pybotweb.pyを開き、pybot()関数を使用するために import文を追加します①。テンプレートで2つの値 を必要とするので、template関数の引数を修正しま す。hello()関数の中身は今まで通りテンプレートを 読み込みますが、初期状態ではtextパラメーターは 何も渡ってきていないため、空文字列を渡します②。 do_hello()関数では受け取った文字列をpybot()関数 に渡し結果を取得します③。

```
001 from_bottle_import_route,_run,_template,_request
002 from_pybot_import_pybot ───────────── ① インポートする
003
004 @route('/hello')
005 def_hello():
006 ____return_template('pybot_template',_input_text='',_output_text='')
007
                                    ② 空文字を渡す
008 @route('/hello',_method='POST')
009 def_do_hello():
010 ____input_text_=_request.forms.input_text
011 ____output_text_=_pybot(input_text) ─────── ③ pybot()を実行
```

```
012 ____return_template('pybot_template',_input_text=input_text,_output_
     text=output_text)

013

014 run(host='localhost',_port=8080,_debug=True)
```

5 ブラウザーでpybot Webアプリケーションを実行する

コマンドプロンプト上で「python pybotweb.py」を実行して開発用Webサーバーを起動します。Webブラウザーで「http://localhost:8080/hello」を開いて、pybot Webアプリケーションの初期画面が表示されることを確認します。「こんにちは」と入力して送信すると「コンニチハ」とpybotからの応答が正常に返ってきます❶❷。

6 他のコマンドを実行する

同様に、今まで作成した各種コマンドが実行できます。さまざまなコマンドを実行して、動作確認をしてみてください。

pybotをWebアプリケーションにすることができました。Webサーバーをインターネットからアクセスできる場所に公開すれば、世界中の人からpybotを利用してもらうことができます。

Chapter

10

さらに知識を
身に付けるため
の学び方

Chapter 9までで解説したのは、Pythonでのプログラミングの基礎です。ここでは、Pythonをより便利に使いこなすために、情報源となる書籍、Webサイト、コミュニティなどを紹介します。

61

Python学習のための
Webサイトについて知りましょう

**このレッスンの
ポイント**

Pythonを使いこなすための情報源として、**各種Webサイトがあります**。ここではその主なものをジャンル別に紹介します。インターネット上の情報源を上手に活用して、Pythonについての知識を広げ、理解を深めましょう。

→ Web上のドキュメント

Pythonは日本語訳された公式ドキュメント（https://docs.python.org/ja/3/）が充実しています。Pythonの基本的な使い方や、豊富な標準ライブラリの使い方がWeb上のドキュメントに掲載されています。わからないところがあったときには、これらのドキュメントを参照することをおすすめします。

▶ Pythonドキュメントが公開されているWebサイト

サイト	URL	内容
Pythonチュートリアル	https://docs.python.org/ja/3/tutorial/	Pythonの機能について一通り解説したドキュメント。クラスなどの本書では触れていない内容もカバー
Python標準ライブラリ	https://docs.python.org/ja/3/library/	Pythonをより便利にする標準ライブラリの一覧と使い方の紹介
Python HOWTO	https://docs.python.org/ja/3/howto/	ログ出力、正規表現など特定の機能について詳細な使い方を紹介
Dive Into Python 3日本語版	http://diveintopython3-ja.rdy.jp/	プログラミング経験者向けの入門書の日本語訳

各種Webサイトに情報は揃っています。やみくもに検索せずに、上手に活用しましょう。

→ Q&Aサイト

プログラムに関してわからないことがある場合に利用するQ&Aサイトがあります。よい回答をもらうためには、適切な質問をする必要があります。不明点をまとめて上手に質問して活用してください。

過去に同じような質問をしている人がいる可能性もあるので、Q&Aサイトの検索を活用するのもおすすめです。

▶ プログラムに関するQ&Aサイト

サイト名	URL
Stack Overflow	https://ja.stackoverflow.com/
teratail	https://teratail.com/

→ プログラミング学習サイト

プログラミングの学習サイトでは、Webサイト上に問題が公開されており、その問題をプログラムで解くことによって学習を進めていきます。

▶ プログラミングの学習サイト

サイト名	URL	内容
Paiza	https://paiza.jp/	プログラミングを学習しつつ、スキルに応じた転職活動もできるサイト
PyQ	https://pyq.jp/	Pythonに特化したオンラインの学習サービス。Webブラウザーのみで学習が可能
ProjectEuler	https://projecteuler.net/	プログラムで数学の問題を解くサイト
CheckIO	https://checkio.org/	ゲームを攻略するようにプログラムを習得するサイト

👍 ワンポイント プログラムの動きがわかるPython Tutor

Python TutorはPythonのプログラムの動作を視覚的に確認できるWebサイトです。変数の中身や、if文での分岐、for文での繰り返し処理の流れがわかりやすく表示されます。

右の画面はChapter4のBMIを出力するプログラムの実行例です。各変数に体重のリスト、身長、BMIの値や判定結果が設定されていることが視覚的にわかります。

▶ Python Tutorの画面例

http://pythontutor.com/

[書籍とコミュニティ]

書籍を読み、コミュニティに参加しましょう

**このレッスンの
ポイント**

Pythonに関するまとまった情報源として、書籍を活用することはおすすめです。また、Pythonを知っている人と知り合いになることで、より早く情報を得られます。ぜひコミュニティにも参加してみましょう。

→ Python関連書籍

Pythonに関する書籍はたくさん出版されています。ここでは入門書ではなく、もう一段レベルが上の書籍や、特定分野での使いこなしに関する書籍を紹介します。

タイトル	内容
Python チュートリアル第3版（オライリージャパン刊）	Python公式ドキュメントで公開されているチュートリアルと同じ内容を書籍にまとめたもの
いちばんやさしいPython機械学習の教本（インプレス刊）	本書の続編として機械学習の実践的な基礎が学べる。データ収集、前処理、学習、予測、評価と機械学習の全体像が学べる
Pythonプロフェッショナルプログラミング第3版（秀和システム刊）	Pythonを使ってチームで仕事をしていく上での開発手法、レビュー、テスト、CIなどのノウハウを集めた書籍
できる 仕事がはかどるPython自動処理 全部入り。（インプレス刊）	Pythonを使用した画像の加工、CSVファイル、Excelファイル操作、Webスクレイピングなどのサンプルコードにより、日常の業務を自動化するノウハウを解説
Pythonクローリング＆スクレイピング［増補改訂版］（技術評論社刊）	Pythonを利用して、Webサイトからデータを取得する方法を解説した書籍
Python実践入門（技術評論社刊）	プログラミング言語Pythonが持つ機能の実践的な使い方を紹介した書籍。基本文法から型ヒント、名前空間、特殊メソッド、パッケージ管理など幅広い話題を解説
PythonユーザのためのJupyter［実践］入門（技術評論社刊）	データ分析に必須のツールJupyter Notebookを中心にpandasでのデータ加工、Matplotlibでのグラフ作成について解説した書籍

Pythonの書籍はたくさん出版されているので、自分の用途にあったものをうまく探してください。

コミュニティに参加しよう

Pythonはオープンソースで開発が進められ、コミュニティベースで運営されています。そのため、新しい情報やノウハウもコミュニティを中心に広まっているように見受けられます。コミュニティに参加して人とつながることにより、情報を入手するチャンネルが増えるというメリットがあります。

Python関連コミュニティはさまざまなものがあります。各種コミュニティが主催するイベントに参加して、知り合いを増やすことは、知識をその場で得る以上のメリットがあります。

下表のPython関連コミュニティの主な活動場所は東京ですが、SlackやDiscordのようなチャットツールによるコミュニケーションも可能です。ぜひ、遠方の方もチャット経由でコミュニティに参加してみてください。

▶ 主なPython関連コミュニティ

名称	URL	内容
PyCon JP	https://pycon.jp/	年に一回 PyCon JP という大規模カンファレンスを開催
Python mini Hack-a-thon	https://pyhack.connpass.com/	集まってもくもくと開発をするコミュニティ
PyLadies Tokyo	https://pyladiestokyo.github.io/	女性のみのPythonコミュニティ
Python.jp	https://www.python.jp/	日本のPython情報を発信。Discordのチャットもある

 ## Python Boot Camp（初心者向けPythonチュートリアル）

自分の住む地域にPythonのコミュニティがないため、Python仲間が見つけられない人もいると思います。選択肢の1つとして「Python Boot Camp」の主催をおすすめします。「Python Boot Camp」は各地域で初心者向けのチュートリアルを実施するイベントです。近くで開催されたときに参加してPythonの仲間を見つけてください。なお、開催は現地スタッフに立候補してくれた順に行っています。イベント運営にPythonの知識は不要なので、自ら現地スタッフとして手を上げてくれるのを待っています。

https://www.pycon.jp/support/bootcamp.html

コミュニティに飛び込んで知り合いを増やせば、それがPythonを身に付ける助けになります。

索引

本書サンプルコードのダウンロードについて

本書で使用しているサンプルコードは、下記の本書サポートページからダウンロードできます。サンプルコードは「500985_yasashiipython.zip」というファイル名でzip形式で圧縮されています。展開してからご利用ください。

⭕ 本書サポートページ

https://book.impress.co.jp/books/1119101162

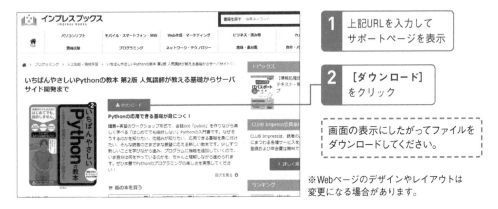

1 上記URLを入力して
サポートページを表示

2 ［ダウンロード］
をクリック

画面の表示にしたがってファイルを
ダウンロードしてください。

※Webページのデザインやレイアウトは
変更になる場合があります。

⭕ スタッフリスト

カバー・本文デザイン	米倉英弘（細山田デザイン事務所）
カバー・本文イラスト	東海林巨樹
DTP	株式会社リブロワークス
デザイン制作室	今津幸弘 鈴木 薫
編集	大津雄一郎、富田麻菜 （株式会社リブロワークス）
編集長	柳沼俊宏

■商品に関する問い合わせ先

このたびは弊社商品をご購入いただきありがとうございます。本書の内容などに関するお問い合わせは、下記のURLまたはQRコードにある問い合わせフォームからお送りください。

https://book.impress.co.jp/info/

上記フォームがご利用頂けない場合のメールでの問い合わせ先
info@impress.co.jp

※お問い合わせの際は、書名、ISBN、お名前、お電話番号、メールアドレス に加えて、「該当するページ」と「具体的なご質問内容」「お使いの動作環境」を必ずご明記ください。なお、本書の範囲を超えるご質問にはお答えできないのでご了承ください。

● 電話やFAX でのご質問には対応しておりません。また、封書でのお問い合わせは回答までに日数をいただく場合があります。あらかじめご了承ください。
● インプレスブックスの本書情報ページ https://book.impress.co.jp/books/1119101162 では、本書のサポート情報や正誤 表・訂正情報などを提供しています。あわせてご確認ください。
● 本書の奥付に記載されている初版発行日から3年が経過した場合、もしくは本書で紹介している製品やサービスについて提供会社によるサポートが終了した場合はご質問にお答えできない場合があります。

■落丁・乱丁本などの問い合わせ先
FAX　03-6837-5023
service@impress.co.jp
※古書店で購入された商品はお取り替えできません。

いちばんやさしい Python の教本 第2版
人気講師が教える基礎からサーバサイド開発まで

2020 年 8 月 21 日　初版発行
2022 年 7 月 1 日　第 1 版第 3 刷発行

著　者　鈴木たかのり、株式会社ビープラウド

発行人　小川　亨

編集人　高橋隆志

発行所　株式会社インプレス

　　　　〒 101-0051　東京都千代田区神田神保町一丁目 105 番地

　　　　ホームページ　https://book.impress.co.jp/

印刷所　株式会社ウイル・コーポレーション

ISBN 978-4-295-00985-6 C3055
Printed in Japan